野生との共生
1000年の知恵

# 鹿と日本人

田中淳夫

築地書館

# はじめに　オランウータンからナラシカまで

「奈良のシカ」について記そうと思う。

これは奈良県に生息するシカ全体のことではない。もっと狭い範囲、主に奈良公園にいるシカのことだ。東大寺、興福寺、春日大社……など世界遺産に指定された寺社の境内に加えて、隣接した若草山や春日山原始林、そして奈良市中心部の市街地も含めて生息する、人に馴《な》れて観光客の人気を博しているシカである。

なぜ「奈良のシカ」なのかという点を説明する前に、ちょっと長くなるが自分の過去の経験を語りたい。

まず私が森林に本気で向き合った原点は、野生動物にある。というと、意外感を持たれるかもしれない。私がこれまで扱ってきたテーマは、森林の植生や林業、そして山村社会などが主で、植物系や社会系に偏りがちだった。

野生動物に目を向けたきっかけは、静岡大学時代に探検部でボルネオ（マレーシア連邦サバ州）に遠征したことにある。目的の一つに野生オランウータンの観察があった。

　オランウータンは絶滅の心配される類人猿だが、当時は飼育下はともかく野生状態の研究を行った人はほとんどいなかった。類人猿ではチンパンジーやゴリラの研究は進んでいたが、オランウータンは単独、それも樹上で生活を送るために観察がきわめて難しかったのだ。だから野生のオランウータンを観察することができたら、それだけで貴重。行動を記録できたら論文になる、と言われたのも心が動いた理由だ。

　探検部的にはネッシーや雪男、ツチノコといった、いるかどうかわからない未知動物のほうに興味を向けがちだが、さすがに簡単ではない、というか発見できる確率は限りなく低い。そこで確実に生息しているけれど、目にするのが難しい野生動物に焦点を合わせたわけである（ちなみに大学卒業後に、パプア・ニューギニア奥地の湖に生息すると噂された巨大な未知の怪獣を探しに行っている。学生時代のほうが堅実だった）。

　ただ一人だけ、ボルネオの野生オランウータンの観察を試みた日本人研究者がいた。岡野恒也博士である。専門分野は動物学や生態学ではなく、比較心理学。人と動物を比較して学習能力などを研究する学問である。すでに自宅で自分の幼子とチンパンジーの赤ちゃんを一緒に育てて知能の発達を比較するというぶっ飛んだ（先進的？）研究をしていた。次は野生の類人猿だ、それなら誰も手をつけていないオランウータンを対象にと考えて、一九五七年にサバ州に渡ったのだそうだ。

　そして短時間だがジャングルで野生のオランウータンとの邂逅に成功した。論文も書いている。ここで重要なのは、岡野博士が私の在籍している静岡大学の教養部教授だったことである。私は教授の授業で、オランウータンの話をよく聞いていた。だから探検部でボルネオ遠征の話が持ち上がったときに、教授のところを訪ねたのだった。

午後に研究室を訪れたら、教授は昼食用のインスタントラーメンを煮ていた。だが学生の私は、遠慮して出直すという発想が浮かばなかった。勧められるままにソファに座り遠征計画について話した。教授と一対一で話した経験など初めてだが、私はラーメンが伸びるのを横目で見つつ、探検部の活動と今回の遠征について熱く語ったと思う。教授はそれをよく聞いてくれ、すぐに「顧問を引き受けよう。オランウータン調査をやりたまえ」と言ってくださった。

その後、事情により教授は私たちの隊に同行できなくなったが、一九七九年に学生三人で出かけ、サバ州デン半島の深部に分け入り熱帯雨林を歩き回った。残念ながら野生のオランウータンは見つけられなかったが、樹上に彼らの寝床をいくつも発見し、糞も確認した。同時に熱帯雨林の伐採現場を目にした。これが森林問題への目覚めにもなった。

帰国後、森林動物学を学びたいという思いが強まった。とくに飼育下ではない野生動物に魅了された。じつは野生動物の研究というより、幻と言われる動物を探すという行為に憧れたのである。森の中を歩き回って、あるいはじっと茂みに潜んで希少な動物に出会う。ときめくではないか。きっと学術的にも意味があるだろう。

大学三年生の夏に南アルプス原生自然環境保全地域の生物調査に参加した。環境庁（当時）と大学の理学部生物学科のプロジェクトに参加させてもらったのだ。そのときに私がお世話になったのが、静岡県林業試験場（当時）の哺乳類担当の鳥居春己氏と岐阜歯科大学（当時）でコウモリを研究していた前田喜四雄氏である。そこで動物の足跡を追いかけたり糞を見つけたり、ワナを仕掛けてネズミを捕獲したり、あるいは網によるコウモリの捕獲など初めての体験が目白押しだった。それが私の原点になる。

その後も小笠原諸島に幻と言われたオガサワラオオコウモリを探しに行った。大空を飛ぶ翼長一メートルのオオコウモリは発見できなかったが、未知の洞窟の深部で大量の骨を発見した。オオコウモリの墓場を発見か、と興奮して骨を収集し前田氏に鑑定してもらったら、オオミズナギドリという海鳥の骨だった……。当ては外れたが、鳥が洞窟に入ることに驚き、動物の意外な習性に興味津々だった。

卒論でも森林動物を手がけようと思った。林業被害で問題になっていたサルやニホンカモシカの生態を研究したいと鳥居氏に相談したのだが、一蹴された。正確には「やれるものならやってみな」だった。そこで私は、南アルプスの森に一週間こもってカモシカを探した。結果として観察できたのは一度だけ、それも一瞬であった。一年以内に卒論のデータを集めるには無理がある。見て喜ぶだけの探検的観察と違って、いかに大型の野生動物の研究が大変かを思い知った。これでは卒論に間に合わぬと、鳥居氏に泣きついて氏の手がけるノネズミ調査を手伝わせてもらって、なんとか卒論を仕上げた。

卒業後はいろいろあってメディアの世界に入ったのだが、自然を扱いたいという思いが強まり、秘境ライター、アウトドアライター、ネイチャーライターなどの肩書の末に森林ジャーナリストを名乗るようになる。主に扱うのは生物学であり森林生態系であり、林業技術や林業政策、山村経済、そして森林史である。動物からは少し離れていく。

とはいえ、たまに野生動物を扱うこともある。保護か駆除かといった問題が多かった。クマやイノシシ、サルもあったが、やがて農林業被害が目立ち始めた。とくにシカは植林木の樹皮を剝ぐことも多く、森林生態系への影響もバカにならない。さらにシカのジビエ（狩猟肉）も話題に上がるようになった。

野生動物の話題には心がざわめく。日本の野生動物について何か書きたいという思いが芽生えた。ただ安易に取り組むのは躊躇した。獣害は深刻だが、殺せば、数を減らせば解決するというスタンスに賛同できなかった。

そんな中で、ふと気づいた。奈良県に住む私にとって、もっとも身近な野生動物は奈良公園のシカではないか。しかも全国ではシカを害獣扱いして駆除やハンティングの対象とする中で、奈良はシカを守っているのだ。これって、すごいことではないか。

私にとって、奈良のシカがテーマとして好都合と思う理由はいくつかある。

まず第一に子どもの頃からよく知っている。小学生まで私は奈良県と接する大阪の町に住んでいたが、近鉄電車に乗れば新生駒《いこま》トンネルをくぐってすぐに近鉄奈良駅に着く。当時の近鉄奈良駅は地上にあった（現在は地下）が、駅から出たらすぐシカがいたのである。最初は親に連れられて行くが、小学校の遠足の定番の地でもあるし、高学年になると友達同士で奈良公園を訪れることもあった。今でも奈良の町を歩けば、意識せずシカを観察する。この〝長期観察〟は何かと有利である。

第二に、奈良のシカは向こうから寄ってくる。手を伸ばせば触れられる。こんなに観察しやすい野生動物はいないのだ。それに地元だから取材に通いやすい。一週間雪の山を歩いてもカモシカは十数秒しか見られなかったことを思えば楽、というより野生動物観察の楽園である。

また私は奈良公園にシカがいるのは当然と思っていたが、奈良を訪れた人が街中にいるシカに驚く姿を見て、逆に驚いた。外国人ばかりでなく日本人でも他県人は驚いている。日本人なら「奈良のシカ」を知っているはずだが、実感はなかったらしい。だから実際に目にすると興奮するのだろう。それを見て私も、街中にシカがいるのは珍しいんだ、シカに触れられるのはすごいことなんだ、と気づいた。原野で希少動物とか未知動物を探すのもいいが、こっちも相当珍しい野生動物ではないか。これが第三の理由である。

そのうち奈良のシカは奈良県が誇るべき存在であると再認識した。なんだか身内意識が生まれて、奈良のシカはひと味違う、と自慢したくなる。だから奈良のシカの魅力を伝えたい、というのが第四の理由である。

ただ奈良県だってシカの害に苦しんでいる。現実に山間部では駆除もしている。一方で奈良公園ではシカを守る。この正反対の対応を突き詰めていけばシカと人、ひいては野生動物と人、さらに自然と人の共生の原点をかいま見られるかもしれない。奈良のシカを通して自然との向き合い方を考えられたら。やはり、これが最大の理由だろうか。

なお「奈良のシカ」もしくは「奈良の鹿」「奈良公園の鹿」と表記すると、一種の固有名詞となる。国の天然記念物指定のシカのことだ。ただ毎回「奈良のシカ」などと記すのはまどろっこしいので、本書では私が略して口にしている「ナラシカ」と記したい。つい調子に乗って〝古都の杜《もり》のナラシカ〟と言いたくなるが……。

奈良県全域にいる（ナラシカを除く）シカ、そして全国のシカは、単にシカもしくは地域名を入れて記す。また生物種としては、通常ニホンジカを指す。なお基本的にカタカナで表記するが、固有名詞などでは漢字の「鹿」も使う。

本書では奈良のシカの誕生と現在に至るまでの歴史を追いつつ、広くシカの生態や獣害問題についても考えたい。果たしてナラシカは野生動物として例外的な存在なのか。それとも根っこは一緒なのか。それが現代社会全般にも通じるのか。人が野生動物とつきあううえでの必要なヒントが見つかれば幸いである。

目次

# 第1章　奈良のシカの本当の姿

## 最大の観光資源ナラシカ

ナラシカとは「はじめに」で説明したように奈良公園およびその周辺に生息するシカを指す。まず彼らの現在の姿を知ってほしい。

奈良公園は、大雑把に言って東西四キロ、南北二キロの範囲にある。近鉄奈良駅のすぐ東側に広がる興福寺の敷地から春日大社、そして東大寺、それらの神社仏閣の背後となる若草山や春日山……などの森林地域を含む。全体の面積は六六〇ヘクタールを超え、日本最大の都市公園である。

特徴的なのは、この公園域に隣接して奈良県庁や奈良地方裁判所、奈良税務署、奈良県警察本部などが並んでいることだろう。奈良県の中枢が、日本最大の都市公園と一体になっているのだ。朝の県庁には、出勤する職員に混じってナラシカも横断歩道を渡って入っていく。前庭に朝飯（芝生）があるからだろう。さらにその周辺には、奈良女子大学や奈良教育大学、奈良県立大学、そのほか小中学校が多数ある。こうした役所の敷地や学校のキャンパスにも自由に出入りするのがナラシカである。

ナラシカは、二〇一七年七月の調査で一二二六頭確認されている（奈良の鹿愛護会調べ。この団体については後に詳しく紹介するが、以下、愛護会と記す）。近年でもっとも多かったのは、一九九四年の一二九三頭。二〇〇九年に一〇五二頭に減ったことはあるが、だいたい一〇〇〇頭から一三〇〇頭の間で推移しているようだ。公園のシカ密度は、平方キロメートル当たり一六〇〇頭を超えることもある。この調査は基本的に市街地だけで、春日山の林内に籠もっているシカは入っていないし、さらに公園外も調査はしていないから、全頭数はもう少し多いと思われる。

もし、奈良公園のエリアが全部森林に覆われていたら何頭の野生のシカが生息できるかというと、せいぜい三〇〇頭ぐらいと言われている。森林のシカ密度は通常ヘクタール当たり一頭以下なのだ。しかし（一三〇〇年前に）都を建設するため森が切り開かれたことで、ナラシカは数を増やしたらしい。草地が増え餌が豊富になったからだろう。

ちなみに毎年三〇〇頭前後が死亡している。理由の多くが疾病で、ほか交通事故が多い。一六年は疾病が二〇六頭、交通事故が九一頭。その他の原因が一一九頭となっている。野犬に襲われることもたまにあるようだ。人がナラシカを殺す事件は、近年では一〇年にあったが、珍しいこととして報道された。一方で新たに生まれる子ジカの数も二〇〇頭前後確認されている。生息数は大きく変わらないのだから、おそらく調査から漏れた出産も多数あり、死亡数と同じ程度生まれているのだろう。死亡数と出産数のバランスが取れているため増減は少ない。

街中を闊歩するナラシカ。道路を渡るときは、シカ・ファーストである。

ただ厳密に生息数でいうと、この数に加えてあと二〇〇頭から三〇〇頭いる。これは鹿苑《ろくえん》に収容されているシカだ。鹿苑は愛護会が運営する施設だが、ここに傷病シカや障害のあるシカ、それに公園周辺の農地を荒らしたシカが収容されている。一七年には二七二頭。だから総数は一四九八頭になる。

調査に引っかからないナラシカもそれなりにいるはずだ。通常のナラシカは、夜を森の中で過ごして、昼は公園に出てくる。しかし春日の森から出ない個体もいる。人嫌いというか、観光客の相手をするのはイヤ、という意思表示かもしれない。逆に、夜も公園内に残るシカも一〇頭くらいいるそうだ。森に帰るのが面倒くさくなった帰宅拒否症のナラシカである。群れは大小一〇以上あるというが、常に離合集散しているから正確な数と行動をつかむのは至難の業である。

さて、次にナラシカの基本として押さえておきたいのは、「人の多い観光地に生息する野生動物」であることだ。よく「奈良公園ではシカを放し飼いしている」とか「餌付けして人に馴らしている」という言い方がされる。そうではない。あくまで野生動物のニホンジカが市街地にいるのだ。それが観光アイテムになったのである。

餌もやっていない。鹿せんべいは売っているが、これは観光客を喜ばせるために始めたのであり、シカの主食ではない。シカの食欲からすると、せいぜいおやつ程度の意味しかないだろう。またナラシカは人を恐れないが、人が近くに寄るのを好むわけではない。イヌやネコのように身体をすり寄せることもない。わざわざ寄ってくる場合の目的は、おそらく鹿せんべいである。だからせんべいを持っていないとわかると、さっさと離れる。

人は、古代より奈良の地に棲むシカを保護してきたが、それは捕まえない、殺さないといったレベルで、人間の管理下に置いたわけではない。触られてもあまり嫌がらないが、それも鹿せんべいをもらえると思えばこそ耐えているのかもしれない。餌なしで頭を撫でると嫌がり振り払う（経験済み）。

そして奈良公園は、奈良県民の数を超える観光客・参拝客で日々にぎわっている。その数は、二〇一五年度で約四二〇〇万人に達した。年々増えているから、おそらく今はもっと多いだろう。近年の特徴は外国人客の急増だ。しかも季節を選ばない。

奈良を訪問する観光客数は全国有数（一方で宿泊者数は全国最低という不名誉な記録を持つ）だ。

とくに最近は凍える真冬もかんかん照りの夏も人の姿が絶えない。その多くが外国人である。大仏さん（ちょっとなれなれしいが、関西ではこのように気軽に口にすることが多い）の前では中国語と韓国語に加えて、今や英語やスペイン語、フランス語も多い。正確にどこの言葉かわかるほど言語に詳しくないが。さらに頭をスカーフで覆った女性の姿もよく見かける。イスラム教徒も仏教寺院を参拝しているようだ。

私は奈良公園を訪れるたび、彼らを観察していた。外国人観光客は、奈良の何に魅力を感じているのか、という点に興味を持ったからである。すると大仏さんもよいが、圧倒的に喜んでいるのはシカであるように思えた。

少し古いが二〇〇〇年に奈良大学の高橋春成教授（現・名誉教授）が行ったアンケート調査もそれを裏付けている。奈良を訪れている外国人に「奈良と聞いて連想すること」を聞き取りしているのだが、初回の人は寺院が四五％を占めて一位。シカは二位で四〇％である。ところが二回以上訪れている人は、シカが五一％でトップになるのだ。ちなみに寺院は三五％に落ちる。この数字からは寺院や仏像をイメージして訪れた観光客も、シカのほうが印象に残ったことを示しているように思う。また日本人でも「奈良」から連想するのは「シカ」が一番だ。

巨大な仏像（大仏さん）は誰が見ても目を見張るが、そのほかの寺院で等身大、もしくは小柄な仏像を見て、その魅力をみんなが感じ取れるわけではない。とくに異教徒も多い外国人にとって仏教的な文化の背景がなければ理解できない面もあるだろう。

その点、シカはわかりやすい。外国人の多くは街の中に大型動物のシカがいることに驚き、さらに人に馴れていることに感動するようだ。圧倒的にナラシカを喜んでいる。

ナラシカは市街地に出てくると車の走る道路を悠然と闊歩し、人にも警戒しない。鹿せんべいを差し出すと自ら寄ってくる。そんなときは身体も触らせてくれる。時には商店街を歩いて店の中まで入ってくる。

こうした光景は、日本人でも初めての人は驚くらしい。子どもの頃から〝つきあい〟のある私には自然なのだが、周りに人がいっぱいいても逃げず、車がブンブン走る大通りを悠然と渡るシカ——車のほうが遠慮せざるを得ない——のは不思議な光景なのだろう。

奈良公園内では、シカと並んで自撮りするべく奮闘する観光客の姿が多い。自撮り棒を所持している人はもちろん、なくてもスマートフォンを持つ手を伸ばしてシカと並んで撮影したがっている。なかにはシカの肩を抱いて写ろうとする人もいる。その間、シカは無表情というか、嫌がる素振りをせずにつきあってくれる（ように思う）。

そして鹿せんべいを与えることでシカに近づける（シカのほうから寄ってくる）ことも魅力だ。人は動物に餌を与えることで満足感を得る心理があるらしい。

シカと観光客を観察し続けた結果、私は「ナラシカこそ奈良最大の観光資源だ」という確信を持った。日本人なら奈良の魅力は寺社仏閣と歴史だという人も多いが、それは歴史、とくに古代史に興味を持っている人限定だろう。その点、シカは誰にでもわかる。

最近のナラシカは、カメラ目線になる。

シカのような大型動物が都会で人と共存しているところは、世界でもそんなにない。インドのデリーではウシが徘徊していたが、近年はウシを郊外に移動させたという。

ただ問題もいろいろと起きている。ここではナラシカ側の被害について触れておく。

もっとも問題なのは、野放図な餌やりだ。ナラシカに与えてよいのは鹿せんべいだけとされているのだが、観光客がスナック菓子や紙を与えるケースが目立ちだした。

鹿せんべいは、シカにとって無害な材料で焼かれている。しかし、スナック菓子は味付けされており、その調味料が問題になる。とくに香辛料の多くがシカにとって有害だ。さらに残飯はもっと危険だ。もしスパイシーなから揚げを食べたら、シカの命に関わる。紙にいたってはヤギと間違えている。いやヤギだって、紙を食べることはよいことではない。消化不良を引き起こすか、ひどい場合は胃袋を傷つけてしまう。

紙には印刷インクがついているだけでなく、表面を白くなめらかにする塡料が塗布されている。その多くが炭酸カルシウムなど鉱物性の顔料だ。たとえばコピー用紙の場合は重さの四分の一がそうした成分で、植物繊維だけではないのである。

加えて、菓子や紙に混じって菓子袋のビニールやプラスチックを食べてしまうケースもある。シカは匂いにつられるのだろう。当然、それらは消化できずに胃に溜まり続ける。そのため草が食べられなくなる。以前、死んだシカを解剖したところ、胃の中からプラスチックの巨大な塊が出てきたことがある。

私も外国人の持つ菓子を取ろうと紙袋ごとかじるナラシカを見かけて、追いかけて引き剝がしたことがある。シカには恨まれたかもしれないが……。

それ以上に問題となっているのは「餌やりオジサン・オバサン」の登場だろう。彼らは観光客ではなく地元住民と思われるが、自宅から餌を持ってきてシカに与えるのだ。カバンからドッグフードのようなものを出してまくのを見かけるが、時に軽トラに積んでくる人がいる。積んでいるのはパン屑や野菜屑のようだが、残飯もあるようだ。

もっとも危険なのは、生米だそうである。一見、穀物だからよいように思いがちだが、生の米をシカが食べると、胃袋の中で米が膨らみ命に関わる。残飯にもビニールなどが混ざっていることがある。

そもそも残飯を奈良公園内にまくことは、景観上も問題だ。シカよりもイノシシを誘引することにもなっている（近年、奈良公園にイノシシの出没が増えて問題になっている）。

同じことは、ノラネコやハト、カラス、イノシシ相手にも起きているが、ようは動物に餌をやることで快感を得る人たちがいるらしい。私も幾度か見かけたが、高齢者が多いように思える。彼らはナラシカを自分のペットと同一化しているようだ。

単に与える餌がシカの健康によくないだけではない。たとえば野菜を食べたシカは、それで味を覚えて、近隣の畑の野菜を狙うようになる。そうなると農家に食害をもたらす害獣になってしまう。この問題は、後述するナラシカを取り巻く大問題となっている。

とはいえ、シカが街の中を悠然と歩く姿は、何物にも代えがたい。いかに住民と共存しつつ、観光対象になってきたのか改めて追いかけよう。

## 鹿せんべいの深い世界

ナラシカそのものを語る前に、ナラシカに欠かせないものとして鹿せんべいについて少し深く紹介しておこう。ナラシカ問題の根幹は、シカの餌である。その中で鹿せんべいの存在も重要な意味があるだろう。

鹿せんべいの材料は、製造元によって多少の違いはあるようだが、小麦粉（薄力粉）と米ぬかだという。それに水を加えて混ぜて焼いただけで味付けは一切していない。焼きたては人が食べてもウマイというが、基本はシカ用だ。当然人間にも無害だが、あまり衛生的でないからオススメではない。とはいえ、鹿せんべい購入者は、たいてい自分でもかじってみるのではなかろうか。私は……子どもの頃は食べたと思うのだが、記憶が定かではない。「丸くても鹿喰い（四角い）せんべい」と友達と駄洒落を言い合っていた記憶はあるのだが。

ちなみに「鹿せんべい」は、愛護会の登録商標になっている。

記録に残るシカの餌としてのせんべいが焼かれ始めたのは大正年間で、当時は春日大社が認可したものが観光客に販売された。観光客を喜ばせるためであり、大社側にとっても収入源となった。

もっとも、これが鹿せんべいの起源ではなさそうだ。江戸時代中期（一七九一年）に発行された『大和名所図会』という奈良観光のガイドブックがある。奈良県（当時は大和の国）全般の多くの寺院や景勝地を豊富な図版で紹介して人気を博したが、そこにもナラシカは登場する。そこに描かれた図絵を見ると、春日大社の参道の茶店にシカが寄ってくる様子が描かれており、その中で黒羽織の客がシカに丸く薄いものを投げ与えているのだ。鹿は空中でキャッチしかけていたり、縁台の下でパクついたりしている。さらに子どももシカに何か手渡ししていて、シカは口に運んでいた。客が座る茶店の縁台には、丸いものが並べられた箱が置かれている。これも鹿せんべいだと思われる。どうやら江戸時代に鹿せんべいがすでに販売されていたらしい。一六〇〇年代には、すでに鹿せんべいがあったという説もある。

ただ、時代によって幾度か製造・販売は途切れている。禁止されたほか、ナラシカも観光客も減っ

『大和名所図会』の一場面。右のシカが丸く薄いものを追いかけているのがわかる。

て売れなくなった時期があるのだ。明治にもあったとする記録もあるが、一度途切れて大正時代に再び作られたものの、戦争時にまた製造中止となっていたようである。

現在に続く鹿せんべいの誕生は、一九五六年に戦争未亡人の仕事をつくるという目的があったという。奈良公園管理事務所から販売許可証を与えられた者だけが販売を担当できる。売り子は現在は約九〇人いて、奈良公園行商組合を発足させている。男性もいるが、九割は女性だそうだ。売り台はワゴンタイプや屋台タイプ、リヤカータイプなどいろいろある。茶店や土産物店でも置いているところはある。販売場所は暗黙の掟《おきて》があり、売り子がローテーションを組んで日々変わるという。やはりよく売れるのは観光客の多い場所だから、売れ行きを平等にするためだろう。東大寺南大門前などはもっとも売れる場所だ。この売り子の権利は代々引き継がれる。だから新規参入するのは、ほぼ不可能だ。これを「鹿せんべい利権」と呼ぶ人もいる。利権というほど儲かるのかどうかわからないが……。

ただ売り子は販売だけをするのではなく、朝は販売場所周辺の掃除から始まり、観光案内も兼ねているし、時にナラシカにいたずらをする観光客、とくに子どもに注意する役割も負う。一方で傷ついたナラシカの通報の役も担う。それなりに大変そうだ。

鹿せんべいは、一〇枚一束で十文字に紙で巻かれている。これは愛護会で販売している証紙だ。よく見ると、鹿マークが印刷されている。これを巻いていない鹿せんべいは公園内で販売してはいけない。愛護会の収入源にもなっている。一束一五〇円だが、その一部が愛護会に入る仕組みだ。

これは愛護会の前身に当たる春日神鹿《しんろく》保護会が、一九一三年に鹿せんべいに貼る証紙を発行し始めたことを引き継いでいる。もともと鹿せんべいは、会の運営資金として考えられたものなのである。

現在の製造元は五軒で、鹿せんべい組合を作っている。組合に入らずに製造しているところもあると聞いたが、その場合は行商組合の売り子に渡らない。組合に加盟していない製造者の鹿せんべいは、証紙で巻かれていないし、公園外で販売されているそうだ。しかし私は目にしたことがなく、もしあっても細々と行っているのだろう。

いずれにしろ、鹿せんべいはナラシカにとっておやつである。シカは、一日に何キロもの植物性の餌を食べなければならないが、それと比較して鹿せんべいの量は知れているからだ。いくら栄養価の高い穀物製といっても、鹿せんべいだけでは腹一杯になる餌にはならない、はずだった。

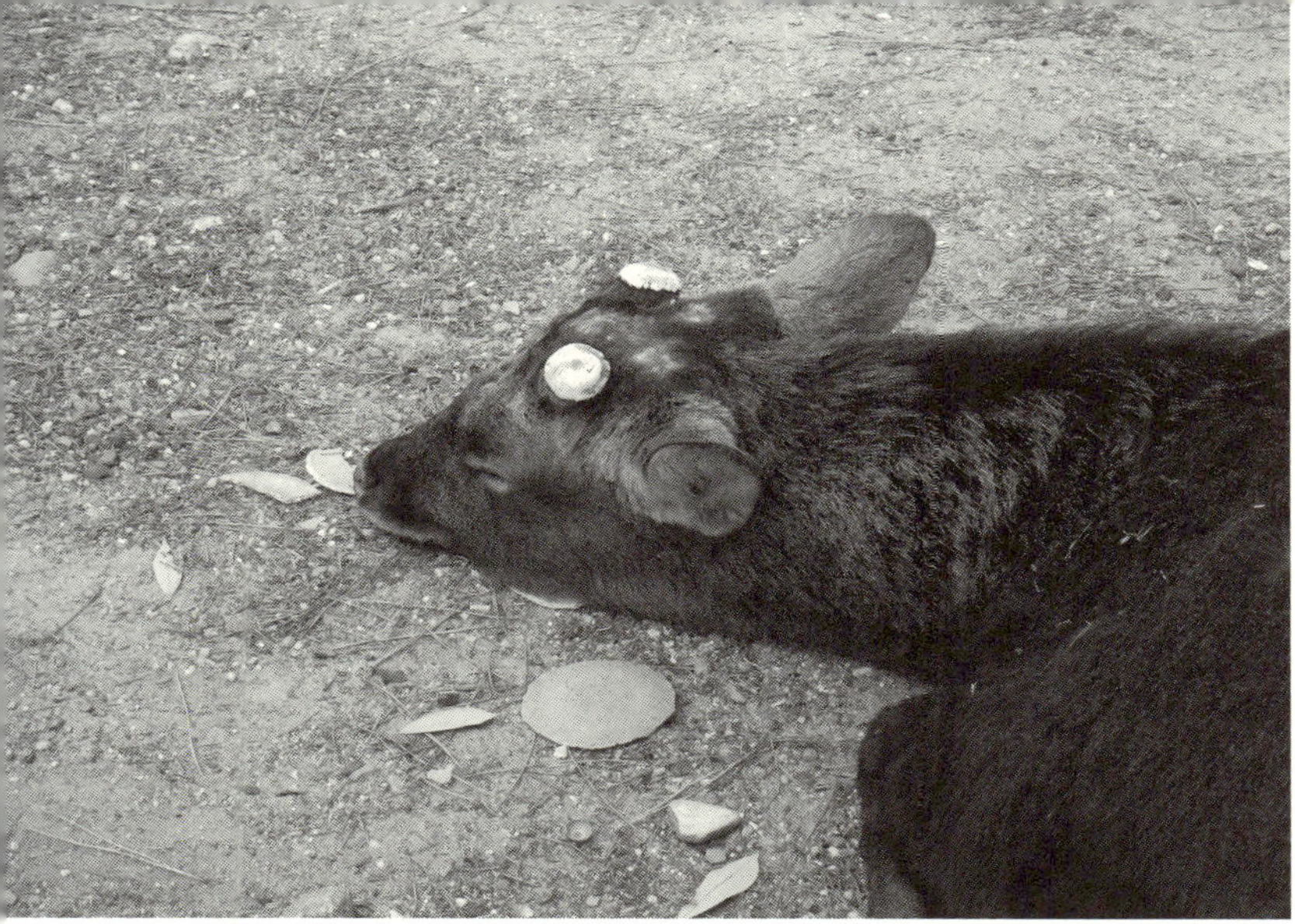

行き倒れか？　食べ過ぎで動けないシカ。

ところが近年の観光客の増加によって、鹿せんべいばかりを食べているシカが現れたようだ。一日中ずっと公園の人が多いところに滞在して、せんべいをもらって主食にしだしたように見える。さらにシカが食べきれずに残すケースも登場した。観光客が殺到するシーズンには、観光客の差し出す鹿せんべいのあまりの多さにそっぽを向く姿が報告されている。

私も寝そべり目を閉じたナラシカを見かけて、このシカは病気か、行き倒れかと思ってしまったが、のぞき込むと口の周りに鹿せんべいが散乱していた。どうやら食べ過ぎで動けないらしい。

もっともシカは反芻動物だから、いったん口に入れたものをそのまま飲み込むだけでなく、また口に戻してモグモグと咀嚼する。その間にせんべいを差し出しても食べられないのである。

鹿せんべいにまつわる話題として、「シカは観光客から鹿せんべいをもらって食べているが、鹿せんべい売り場を襲わない」説もある。実際はどうだろう。

鹿せんべい売りは、公園内に屋台やワゴンなどで売り場を作って観光客の求めに応じて売るわけだが、そこには鹿せんべいが山と積まれているわけだ。ナラシカは、そこを襲えば大量にせんべいをゲットできるはず。しかし、そんな例を聞いたことがない。

売り場を観察していると、たしかにナラシカは売り場を取り巻くけれど、売り物には手を出さないで観光客が購入してくれるのをじっと待っている。そして客が手にした途端、群がってせんべいを要求する。なかなか分別のあるシカなのだ。

が、必ずしも絶対ではないらしい。

「ちょっと売り子が売り場を離れたら、食い逃げするシカもいます」（愛護会の石川周事業課課長補佐）

よく見ていると、シカが屋台に積み上げてある鹿せんべいに首を伸ばすシーンも私は見た。しかし売り子は、そんなシカに対して手や棒で押し退けたり、手を打ってパンパンと音を鳴らして驚かす。たまにはシカの頭をパシッと叩く。

「しつけ」ているのだそうだ。のどかな風景に見えて、攻防戦が繰り広げられているのであった。おそらくシカも学習して、気軽に売り物には手を出さないのだろう。ただ不良のシカもいるということである。

なお鹿せんべいを持っていない人や、買ったせんべいを全部配り終えた客が手の内側を見せると、あっさりシカは去っていく。あくまで狙いはせんべいであり、客に懐いたわけではないことがわかる。

なお毎年ゴールデンウィークには、若草山で「鹿せんべいとばし大会」が開かれている。直径二〇センチ大の特製巨大鹿せんべいを投げて飛距離を競うのだが、すでに二〇年以上の歴史がある。もはや鹿せんべいは奈良観光の必須アイテムなのだ。

## 現代のナラシカ伝説

ナラシカには、その行動を巡ってさまざまな〝伝説〟と〝俗説〟が登場している。そこで私も、折に触れてナラシカを観察した。すると、意外な素顔も見えてくる。いや、むしろナラシカの行動からニホンジカの本当の生態というか、性格をかいま見ることができるように思えた。その一端を紹介したい。


「横断歩道の赤信号では止まって待つ」

これは比較的有名だろう。とはいえ、冗談のように語られるので、みんなが本当と信じているわけではない。関西的な冗談か？

断言しておくが、事実である。私もしょっちゅう見ている。奈良公園の中には幾本かの車道が通っているが、そこをつなぐ横断歩道をナラシカも渡っている。そして、たしかに信号が赤だと止まり、

周りに人がいなくても信号待ちをするナラシカ。

青になるのを待つのだ。

もっともシカの目が赤と青の区別がつくのかどうかはわからない。周囲の車の流れや人の動きに合わせているようにも見える。横断歩道の前に立つ人は、たいてい信号を守るから一緒に並んで"空気を読んでいる"のかもしれない。もっとも、人だって時に赤信号を無視して渡ることがあるように、ナラシカも赤信号で渡ることもある。私も、あんまり信号無視シカを非難できる立場ではない。

ただ人がいない、車も走っていないのに赤信号で止まっているシカも目撃した。やっぱりシカも遵法精神があるかないかは個性なのだろう。

ちなみに交通量の多い大きな交差点には地下歩道があるのだが、そこをくぐって通るシカを見ることもある。やっぱり安全第一である。ナラシカの交通事故は年間一〇〇件前後も起きている。

「鹿せんべいをもらうとナラシカはお辞儀する」
これも日常的に目にしている。シカの前に鹿せんべいを示すと、頭を下げるのだ。時に鹿せんべいを持っていない相手に対してもお辞儀していることがある。外国人客に多いが、シカにお辞儀されると人間側も頭を下げる。するとシカもまた下げる。それを幾度も繰り返してペコペコし合っている姿を見たことがある。

欧米系の人に多いような気がするが、お辞儀という習慣（日本人特有の行動と思われているよう）自体が珍しいため、シカもすることに「やっぱり日本のシカだ」と感じているのかもしれない。

ただし、鹿せんべいをもらおうとお辞儀するのか、もらってから御礼としてお辞儀するのかと観察すると、圧倒的に前者だ。観光客も、お辞儀したシカに鹿せんべいを与えがちなので、シカが学習したのだろう。逆にお辞儀したのに与えない（持っていない）と、さっさと別の観光客に向かう。

なお「お辞儀ではなく、早くよこせと怒っているしぐさ」と指摘する学者もいる。たしかに鹿せんべいを手にしつつなかなか与えない客に、頭で突く動作をする姿もあるからご用心。焦らされるのが嫌いなのである。

いずれにしても、お辞儀を繰り返させないで、鹿せんべいはさっさとあげよう。

「シカの身体に触れても怒らない」
これは一面の真実である。東大寺から興福寺、春日大社などの周辺のシカは観光客に馴れているので、近くを通る際に少々触っても気にしない。私もしょっちゅう触ってやる。なんとなく毛並みの触感が気持ちよいのだ。シカはシカで、触られても人を無視しているところがある。しかしすべてのナラシカがそうではない。

たとえば若草山にたむろしているナラシカは、触れられるほど近づけない。こちらが近づくとすっと距離を空けて去っていく様子が見られた。同じく春日山原始林の中や周辺で見かけるシカも懐かない。シカの群れによって性格が違うのだろうか。

ナラシカに無線機を装着して行動範囲を調べた研究によると、明確な縄張りが決まっているわけではなく、興福寺から若草山へと移動するシカも多くいるそうだ。五重塔の前では人に懐いて（いるように見せかけ）鹿せんべいをもらうシカも、若草山では鹿せんべいを持っている人が少ない（販売しているところがない）から人に近づかないのだろう。むしろ警戒しているようにも見える。場所によって対応を変えるのだ。もしかして興福寺や東大寺周辺で人に懐くのは演技だったのか。

ちなみにナラシカの背や頭を撫でても怒らないが、伸び始めた角を触ると怒るので危険だ。経験済みである。

「シカ溜まりをつくる」

ナラシカは、一カ所に集団で座り込むことがある。その場所が道路際の溝だったり、芝生の一角だったりするのだが、それを最近は「シカ溜まり」と呼ぶようになった。車が横をブンブン走っているのに、シカが道路の路側帯に一列になって座り込んでいる光景を見ることがある。

シカ自体は群れをつくる動物ではあるが、わりと自由に行動し常に群れているわけではない。だから狭い一角に何十頭と群がって、しかもじっとしている様子は不思議というか不気味というか。

そこに餌があるわけではない。理由ははっきりしていないが、どうやら夏の暑い日は涼しいところを求めているようだ。道路際に列を作るのも、そこに街路樹の日陰があるほか、舗装されておらず土だからだろう。地面が湿っているため冷たいのである。

奈良国立博物館前の芝生には、夏の夕暮れ時になるとシカが集まってくる。時に一〇〇頭を超える。どうやら芝生の中に排気口があることがポイントのようだ。地下には博物館の通路があるのだが、そこから冷房で冷やされた空気が吐き出されているからである。そこに涼を求めたらしい。


「奈良公園は、シカの糞で埋まらない」


一〇〇〇頭を超えるシカが生息していて、昼間は公園内の芝生地帯に多くいる。見ていると、ところかまわず糞をしている。お尻からプリプリと丸い粒を噴き出しているのを目撃することもあるだろう。基本、シカは草などの繊維質を食べるので糞の量も馬鹿にならない。推定で年間三三〇トン、絶乾重量でも七九トンになるのだ。臭くないのが救いだが、気をつけないと踏んでしまうこともある。

しかし、これほど多くのシカが糞をまき散らすのに、そんなに糞だらけというわけではない。実際、糞にハエがたかっているのをあまり目にしないし、芝生の上に座り込んでいる観光客も少なくないのは、糞が気にならないからだろう。

誰が掃除しているのだろうか。これは、昔からよく挙げられる奈良公園の謎の一つだが、多くを自然界の営みに助けられている。

まずシカの糞は乾燥すると、土塊と変わらなくなる。もともと食べたものが植物質なので臭わないし、乾燥した糞を踏めば崩れて土そのものになる。が、それだけではない。

糞は昆虫が運び去ってくれるのだ。その多くはコガネムシの仲間。シカの糞を運ぶ種は、マグソコガネ属やオオセンチコガネ属、マメダルマコガネ属、ダイコクコガネ属、エンマコガネ属……と数多い。奈良公園には四六種類が確認されているという。もちろん彼らは、糞を食べているのだ。大きさは二ミリ以下のものから三センチを超えるものまでいる。

糞を食べる甲虫で有名なのはフンコロガシだろう。スカラベと呼ばれ、糞を丸めて転がして自分の生活する穴に運ぶ。古代エジプトでは神聖な虫とされた。しかし奈良公園で糞を転がす種は小さなマメコガネ属（体長数ミリ）だけで、多くは糞の中に潜り込んで生活するか、糞の直下に穴を掘って糞を土の中に引き込む。

彼らの活躍で糞は公園の芝生にあふれず見えないよう処理されているのだ。たまに糞がまだあったら観察してみるとよい。糞の横にたいてい土の盛り上がりがあり、穴が掘られているはず。さらに見続けると、コガネムシが姿を現すだろう。

土の中に引き込まれた糞、虫に食べられて分解された糞は、やがて土の栄養となる。するとシバな

シカの糞。公園のシバを育てる大事な養分でもある。

ど草類がよく生える。その草をまたシカが食べて、糞をする……なかなかよくできた循環である。

ちなみにシバの種子は、自然下における発芽率が一〇％に満たない。外皮が硬く簡単に発芽できないのだ。しかし奈良公園ではよく生えている。その謎解きも、シカが関わっているらしい。

シバの種子は、シカがシバを食べる際に一緒に食べて胃袋に入る。シカはウシと同じくいったん胃に入れても再び口元に吐き戻し、幾度も噛み直して飲み込む。それをまた胃の中の微生物に分解させるわけだ。その過程で、硬い種子の皮は柔らかくなる。そんな状態の種子が糞に混じって未消化のまま排出されると、発芽しやすくなる。シカの体内を通り抜けた種子の発芽率は、四〇～五〇％だという。だからシカの糞からシバの若芽が出やすいそうだ。これもシカとシバが共生していると言えるだろう。

もっとも、このシカの糞とシバの循環話も伝説みたいなもので、すべてそれで納まるわけではない。道に落ちた糞は人によって片付けられるし、公園内の芝生には肥料も施されている。冬の芝生をよく見ると、芝生を剝がしてその下に肥料を入れている。公園管理の一環だ。それに冬のコガネムシは不活発だから、糞の片付けが追いつかないはずだ。

ところで愛護会の事務所の前に、ビニール袋に入れられた堆肥が置かれていた。「しかっぴ」と名付けられていて販売している。ようするにシカの糞による堆肥だ。

愛護会が管理する鹿苑には、数百頭のシカが収容されている。それだけの頭数が狭い園内で生活を送っているだけに、彼らの糞の処理をコガネムシに任せられない。そこで人が片付けるわけだが、その糞を発酵させて堆肥にしているのだ。

「しかっぴ」はシカの糞の再生商品なのである。シカ糞以外には、食べ残した干し草や米ぬか、大麦などが混ぜられている。成分表によると、窒素〇・七一%、リン酸〇・九六%、カリ一・三〇%……と肥料としてのバランスはよさそうだ。

ちなみに奈良ではシカの糞のお菓子（正確には「御神鹿《ごじんか》のふん」という名称）も売っている。これはチョコレート味の豆菓子だった。シカの糞自体が奈良の名物になっているのである。

「シカはカラスと仲良し」

シカの背中にカラスが乗っている姿をよく見かける。私も幾度となく見た。カラスに乗られたシカ

シカの背に乗り、いたずらを仕掛けるカラス。

のほうもあまり気にせず、乗せたまま悠然と歩いていたり、座り込んでのんびりしたりしている。カラスの種類は、私の見たのはくちばしが細い森林性のハシボソガラスであった。

ところが、カラスがシカの毛をむしっていることもあるのだ。座り込んでいるシカの尻辺りにくちばしを突っ込み、毛を引き抜く。本当に〝仲良し〟なのか？

不思議なのは、あまりシカが抵抗する様子を見せないこと。シカも春先だったら衣替えというか、冬毛が抜ける時期だから抜かれても痛くないのだろう。カラスは面白半分に抜いているようであるが、もしかして巣作りの材料にしているのかもしれない。一方、シカにとっては抜けかけた毛は引き抜いてもらったほうが心地よいのかもしれない。あるいは身体についた虫などを駆除する役割を果たしているのか。

ただ、私は座り込んだシカの背に乗ったカラスが、シカの耳をくわえて振り回しているのも見た。明らかに遊んでいるように見えるが、シカには迷惑な話だろう。それなのにシカはあまり抵抗しない。痛くないのか、意に介さずである。

シカの背中を傷つけて滲み出た血を吸っている（正確にはなめている）という報告例もある。血は栄養価の高い飲料なのだ。じつはカラスの吸血（正確にはなめている）行動はわりと知られている。とくにウシなどの畜産動物を狙って生き血をすする（正確にはなめている）ケースは多く、場合によってはウシは傷口から入ったばい菌で敗血症を起こし死んでしまう。畜産的には大打撃を与える習性なのだ。

果たしてナラシカがカラスの被害で重症化するケースがあるのかどうかはわからないが、それでも抵抗しないのはなぜだろう。下手にカラスと敵対したら、目玉をくり抜かれるかもと恐れているのかもしれない。

シカとカラスの関係は意外と奥が深い。単なる共生と言えるのかどうかわからない。カラスが主導しているのはたしかだが、それに反応を示さないシカの生態も気になるところだ。もしかして、ナラシカと人間の関係と似ているのではないか。シカの生態や性格を読み解くのにカラスとの関係も加えるとよいかもしれない。

「奈良の人はマイシカ（自分のシカ）を決めている」

これは冗談である。そんなことあるわけない。そもそも地元の人に話を聞くと、シカについてあまりよく言わない。はっきり「迷惑だ」と言うこともある。ただ、その言葉を真に受けるのも危険かもしれない。

同じシカが毎日同じ家にやってくるケースがある。餌を与えたら味をしめて通うこともあるのだろうか。そのうち家の人も「うちのシカは……」と表現し、名前をつけている人もいると聞いた。迷惑と言いつつ可愛がっているところがある。土産物店や鹿せんべい売りの人も、マイシカ（毎日来るシカ）に名前をつけて可愛がる人がいるそうだ。

雨が降り出したら商店街の店の中に入ってくることもある。雨宿りの場として心得ているのかもしれない。店の人も、無碍に追い払うことはしないようだ。

私なりにシカと観光客を観察した感想を言えば、観光客は嬉しそうにしているが、ナラシカは人に馴れているものの、わりと冷静だ。むしろ人を観察しているように思う。私も観察しているつもりで観察されていたのかもしれない。

ともあれ人が自分に危害を加えるか、あるいは餌を与えてくれるかを見極めて行動している。必要なければ寄ってこないし、用が済めばさっさと去っていく。イヌやネコのように人に甘えるしぐさを見せたことはない。賢いのかどうかもわからない。わりと無表情なのだが、じっと見つめるその表情が妙に哲学的に感じるのは、私だけだろうか。

# 第2章　ナラシカを支える人々

## 鹿救助隊が行く！

春の奈良公園の早朝六時過ぎ。春の陽射しがあるとはいえ、まだヒンヤリとした空気が漂っていた。このところ観光客、とくに外国人の姿が爆発的に増えて国際色も強まった公園模様だが、まだ人影は少ない。そんな時間帯に春日大社の隣に当たる春日野の芝地に集結した人々がいた。

六人全員が、濃緑の制服を着ている。奈良の鹿愛護会のメンバーだ。事務局長で獣医師の吉岡豊氏のほか、ベテラン組や今年入社した新人まで全員である。車も軽トラやバンなど三台が出動していた。

ナラシカは、野生動物とはいうものの、まったく人間が関知していないわけではない。鹿せんべいを与えるだけでなく、多くの人々がナラシカを支えるための活動を行っている。その代表格が、愛護会である。まずはこの団体から紹介しよう。

まず正式名称は、一般財団法人奈良の鹿愛護会。その名のとおり、ナラシカを愛護する、というか

保護するのを目的に結成された団体である。奈良人以外には知られていないかもしれないが、ナラシカを強固に支え続けてきた。運営は完全に民営だが、予算は奈良県・奈良市・春日大社などが拠出する補助金のほか、鹿せんべいの売上やイベント収入、そして寄付金などから成り立っている。

この日の活動は、妊娠シカの捕獲作戦を展開するというものである。これは愛護会の重要な活動の一つである。ナラシカは四月末から五月六月にかけて出産するが、奈良公園内で子どもを産むと野犬などに襲われる心配がある。そこで妊娠中に捕獲して愛護会が管理する鹿苑に出産するまで収容するためだった。

ちなみに私自身は「ナラシカは野生動物」という建前からも、果たして妊娠シカの保護まで必要かという思いがあったのだが、この処置の本来の目的は観光客対策であるらしい。というのも、妊娠したメスジカは、非常に敏感で気が荒いからだ。何も手を出していなくても近くにいる人、主に観光客に突撃する例が多いらしい。さらに出産直後も気が立っていて観光客を襲うケースが少なくない。後ろからいきなり体当たりされたとか、屈んでいるとのしかかられたという話もある。

また観光客の中には、出産前後の母シカがもっともナーバスになっている時期に近づく人がいる。生まれたての子ジカに触ろうと追いかける観光客もいるらしい。そうした際の不測の事態を防ぐためだという。

とはいえ出産補助はしない。あくまで鹿苑の中で自然に分娩させるのだそうだ。

捕獲作戦は、三月の終わり頃から始まっているが、私がこの妊娠シカの捕獲現場に立ち会わせてもらえることになったのは四月半ばだった。

この時期のシカは、まだ角も生えていないのでオスとメスの違いさえわかりにくいし、妊娠しているかどうかなんて私にはまったく区別がつかない。とくにお腹も膨らんでいるように見えなかった。しかし愛護会のメンバーは、一目でオスメスはもちろん、妊娠しているかいないかを判断していた。

「だいたい妊娠しているシカの七、八割は収容しますが、全部は無理です。逃げ隠れるものもいますから。なかには公園の茂みで出産するシカもいますよ。それはそれで温かく見守ってやってほしい」(吉岡豊事務局長)

収容というが、簡単ではない。いくら人馴れしているナラシカであっても、簡単に捕まえさせてくれるわけではないからだ。下手に押さえつけたら母シカだけでなくお腹の中の赤ちゃんまで悪影響を与えかねない。

そこで麻酔を使用する。数十メートル離れているときは麻酔銃を使うし、近づけた場合は麻酔の針をつけた棒で槍のように突く。針を刺す場所も気をつけないといけない（通常は尻）が、できる限りシカに負担のないようにする。

麻酔のためとはいえ「シカを撃つ」あるいは「槍のように突く」と聞くと狩猟的なイメージが湧くが、見ているともっとほのぼのとしている。もともとナラシカは人に対する警戒心が弱いから捕獲者から逃げようとしない。そこで何気なく近づいて、さっと棒で突く、あるいは銃は構えも見せずに瞬時に撃つ感じだ。

麻酔で眠らせ確保したシカを担架で車まで運ぶ。

麻酔針を撃たれた直後のシカは、一瞬逃げるが、意外と悠然と歩いている。その後をメンバーは根気よくついて回る。数分後には足がふらついて座り込むから、それまで待つのだ。麻酔の効きだしたシカが、川岸など段差のあるところから落ちないように、危険な方角に行かないよう気をつけなくてはいけない。麻酔が効いて動けなくなったナラシカをカラスが襲うこともあるらしい。カラスは、時に目を突いてえぐることもあるという。そんな事態に陥る前にシカを収容しなければならない。だから麻酔針の刺さったシカを注意深く観察して後をつける。

やがて歩けなくなりしゃがみ込むナラシカを担架に乗せて車の荷台に運び込む。軽トラの場合はだいたい五頭乗せるが、幾度も往復して捕獲を続けるという。それをこの季節はほぼ毎朝続けるのである。

午前一〇時を過ぎると、観光客が増えてきた。すると終了。できるかぎり捕獲シーンを一般人に見せないようにするためだ。麻酔を撃つシーンは、何かと誤解を招くし、麻酔針の刺さった姿を見せるのもよろしくない。妊娠シカの保護だと言っても、何も知らない人は誤解しかねないからである。そうした声に配慮するのが結構大変そうだった。この日は、幾度か車が公園と鹿苑を往復したが、二〇頭ぐらいは捕獲しただろうか。

鹿苑に収容したナラシカは、最初こそケージに入れられるので落ち着かないが、徐々に慣らしていく。初妊娠の若いシカは慣らすまで時間がかかるそうだが、妊娠が二度目三度目のシカは慣れている。産院に入院したような感覚だろうか。

出産は五月から七月頃まで。出産後のメスジカと生まれた子ジカは、初夏には鹿苑から出してまた自然の中で生活を送るようになる。

愛護会の活動は、春の妊娠シカの確保だけではない。むしろ有名なのは、秋の角切りだろう。シカの角は夏を越すと硬くなり先もとがってくるから、人と接触すると怪我をさせやすい。またオスジカは発情期を迎えて気性が荒くなる。シカ同士が争って怪我をするケースもある。不用意な観光客が近づくとより危険だ。そこで捕獲して角を切るわけだ。そのため秋になると角の大きなオスジカを対象に捕獲を行う。鹿苑で行う角切りの様子はイベントとして公開しており、秋の風物詩として報道されるから知る人も多いだろう。

ちなみにシカの角は、春先から伸びだして秋には大きくなるが、冬になると落ちる。そして春に再び生え始める。毎年生えかわるのだ。だから角を一度切ったら、その後ずっと角がないわけではない。あくまで晩夏から初冬までの間に、人が危害を加えられる確率を減らすための活動だ。

歴史的な経緯は後に記すが、見学客を鹿苑に入れて行うのは、五〇頭前後。この場合は鹿苑の観客席のある広場に一頭ずつ入れて、勢子《せこ》が押さえ込んでノコギリで角を落とす。だが角が大きくなるオスジカは数百頭いるので、少なくても一〇〇～二〇〇頭は毎年捕まえて角を切り落としている。その場合は麻酔で眠らせて切るそうだ。同時に体重・体格の計測も行う。それらは行事ではなく日常の業務として行っているのだ。

角のないオスジカ、角を切った跡のあるシカはナラシカであるという証明にもなっている。ほかの地域のシカは角切りを行っていないからだ。奈良公園から遠く離れた土地でも、角を切られた跡のあるオスジカが見つかると、ナラシカということになる。

もっとも冬でも、公園内で立派な角や小さな可愛らしい角をつけたシカを見かけることがある。すべてのオスジカの角を切るのは無理なのだろう。

また年に一度、初夏に頭数調査も行っている。二日間かけて奈良公園を約四〇人が二、三人で組になって五〇メートル間隔で歩いて目撃例を記録するのだ。これはボランティアも参加して行う。どこの地点にいたシカがどちらに走り去ったかまで記録する。そして各組の記録を、突き合わせて生息頭数を推定するわけである。

観光のお手伝いになる業務もある。それが「鹿寄せ」だ。

飛火野《とびひの》など奈良公園内でラッパを吹いてシカを集めるのだ。一八九二年の鹿園竣工奉告祭でラッパを吹いたのが始まりだとされる。当時吹かれたのは、軍隊で使われる信号ラッパ（ビューグル）である。

基本は、ラッパを吹きながらナラシカにドングリを与えることで「ラッパの音のするところではドングリがもらえる」と覚えさせる。すると、次からはラッパの音色がすると集まってくるようになる。いわゆる「パブロフのイヌ」で知られる条件反射の応用だ。冬を過ぎて次のシーズンになっても覚えた音色に寄ってくるというから、効果は長持ちするようだ。明治天皇が見学されたこともあった。

戦中戦後は途切れていたが、一九四九年にナチュラルホルンによって復活させた。吹かれる曲は、ベートーベンの交響曲第六番「田園」の一節である。余談だが、この鹿寄せを世界的なトランペット奏者ニニ・ロッソが飛火野で行ったことがある。七五年一二月一一日、トランペットによって「田園」を演奏したそうだ。ひと味違う音色だったろうが、シカは見事に集まったと報道されている。

その後、東京オリンピックや大阪万博開催時にも実施していたが、観光客の減る冬の対策の一環で八〇年から定期的に行うようになった。また夏も、団体などの観光客側から希望があれば実施する。

私も見学したことはあるが、冬の早朝、飛火野の草原でホルンの音色が響くと、しばらくして本当に森の中からシカの一群が走ってくるのだ。その日はざっと三〇頭くらいが、どどどっと地響きがするような勢いで走り集まってきた。なかなかの迫力である。

ナラシカの事故や事件に駆けつける、愛護会の「救急車」。

シカが集まると、ドングリをまく。ただ、あくまでシカが集まる様子を楽しんでもらうためであり、餌やりではない。だからドングリの量はそんなに多くなく、食べ終わると自然にシカたちは去っていく。その点は、さっぱりしているのである。

ちなみにホルンの音色に寄ってくるのは、飛火野周辺にいるシカだけである。どこの地区のシカでも集まるわけではない。逆に言えば、シカもホルンの音色を知っている個体が飛火野周辺に陣取っているのだろう。また食べ物が少ない冬は走るが、夏はノタノタと歩いてくる。頭数も少なめだ。

もう一つ職員の重要な業務は、ナラシカに関わる事故や事件が発生したら駆けつける仕事だ。そして保護する。だから彼らの乗る車には「鹿救助隊」の文字がある。まさに救急車のごとく、現場に駆けつけるのだ。

職員が奈良公園内を周回パトロールして、ナラシカに異常はないか見回っているほか、市民や観光客、警察からも通報が入る。とくに交通事故が多いという。

通報があると、すぐに出動するという。怪我をしていたら手当てもするし、時に手術になることもある。シカの足を切断せざるを得ない場合もある。

難しいのは、田畑に張られたシカ防護ネットに引っかかって動けなくなったシカの回収だ。暴れるシカの角に絡んだネットを外すのは難物なのである。

さらに死んだナラシカを引き取る仕事もある。死体は、獣医が解剖して死因を調べる。交通事故やネットに絡んで窒息死したケースだったらわかりやすいが、時に病気の恐れもあるからだ。とくに口蹄疫など伝染病だったら一大事だ。その検査をする。なかには腐乱死体もあるし、楽な仕事ではない。なお死体は、専用の焼却施設で処分することになる。

こうした仕事は、夜も曜日も関係なく、三六五日二四時間体制だ。

「職員は奈良公園の近隣に住んでいて、当番制で待機しています。車にシカがはねられたとか何か通報があれば、真夜中でも携帯電話に連絡が入り、駆けつけるんです」というのは、石川周・事業課課長補佐。

愛護会の職員は現在一一人だが、事務職員を除き、直接ナラシカを担当するのは六人。年間の出動回数は約八〇〇回だが、近年は一〇〇〇回を超すこともあるそうだ。

これほどきつい仕事だから、よほど動物が好きでないと務まらない……と思って聞いてみると、職員の多くが動物関係の専門学校の卒業生なのだそうだ。出身は奈良以外にも大阪、京都、名古屋など。動物園のような完全な飼育ではなく、野生でありながら人に馴れたシカを世話（愛護）するというのは、動物好きにはたまらないかもしれない。

とはいえ、聞いているだけで苦労は並大抵でないことがわかる。じつはシカを相手にする以上に、シカと関わる人の相手が大変だそう。農家などはシカに作物を食われたら怒り心頭で、シカを収容に来た職員に怒鳴り散らすこともある。加えて深夜の出動はきつくて危険も伴う。以前、暗がりの中シカを探す必要があって見回っていた際に川に落ちて大怪我を負ったケースもあったそうだ。涙ぐましい努力でナラシカの保護に取り組んでいるのである。

下手するとブラックな業務内容のように思えてしまう。実際、職員の入れ代わりは結構あるようだ。よほどナラシカに対しての思い入れがないと続かないだろう。

ただ、愛護会の仕事はこれだけではない。

## 鹿苑はナラシカの病院と収容所

妊娠シカの確保や角切り、頭数調査、鹿寄せ……このように紹介していると、愛護会の仕事はイベント中心のように感じるかもしれないが、日常業務も大変だ。

それは鹿苑に収容されたシカの世話である。この鹿苑について少し詳しく紹介したい。ナラシカを支える重要な役割を担っているからである。

鹿苑は、春日大社の境内の一角、愛護会事務局の隣にある。建設されたのが戦前だというだけあって、かなり古い施設だ。近年は建て替えが話題になるが、その費用をどう調達するかが悩みの種になっている。

広さは約一・四二ヘクタールとわりと広い。一般に知られているのは、春の子ジカ見学や秋の角切り行事に使われる展望台のあるスペースだろう。ここは芝生が張られている。だが、隣接して広い収容ケージがあり、こちらは土のグラウンドだ。ところどころに樹木が植えられて日陰を作っている。八区画に仕切られているのは、収容時期ごとに区分けするためだ。また病気や怪我の治療中のシカといった区分もある。

鹿苑は展望台とは別に見学するコースが設けられている。協力金を納めて中に入ると、ケージ越しに収容されているシカを眺められる。その通路沿いに、ナラシカに関するクイズも貼られている。シカの角の成長段階や与える餌の展示もある。

なおシカにドングリを与えるコーナーもあって、一カップのドングリを金網に設けられたパイプの口に落とし込むと、転がって餌の桶に入る。シカはそれを食べに寄ってくるのだ。柵が間にあるとはいえ、目の前でドングリをボリボリ食べるシカを観察できるだろう。ほかにガチャガチャの仕掛けでシカの餌（干し草等を固めたペレット状の餌）を購入して与えることもできる。

ところで、鹿苑を運営していくに際して、悩みはシカの餌の確保である。なんと必要な餌の量は年間約一三〇トンにもなるという。まともに牧草などを購入していたら費用が膨れ上がる。そこで各地

鹿苑内のシカ。収容されてもシカたがない理由がある。

からの寄付や提供に期待している。たとえば米屋から米ぬか、大阪国際空港（伊丹空港）からは滑走路際に生えた草を無償で提供してもらう。この草は飛行機が滑走路を外れてしまった場合、クッションになるようにわざと生やしている牧草だそうだが、伸びすぎてもいけないので定期的に刈り取っている。その処分に困っていたそうで、両者の利害が一致したわけだ。

最近は、ドングリを集めて送ってくれる人が増えたそうだ。それも奈良県内だけでなく、全国から送られてくるという。奈良に縁のある人、たまたま訪れてナラシカが好きになった人、ナラシカの餌が足りないと聞いた人……が、自分たちの身の回りで一生懸命ドングリを集めて宅配便などで送ってくる。また後に紹介する鹿サポーターズクラブが集めるドングリもある。それらは一年ぐらいは十分保存できるので、鹿苑の餌として重宝しているらしい。送る側にとっても、集める過程が家族や幼児の楽しみと教育になっているのだろう。寄付されるドングリの量は年間六トンに達するというからハンパじゃない。

シカが収容される頭数は先に記したとおり、常時二〇〇～三〇〇頭である。春の妊娠出産シカと子ジカ、秋の角切りのためのオスジカ、加えて傷病シカの数も、時期ごとに入れたり出したりするわけだから頭数は変動する。

ここで鹿苑に入れられるナラシカを区分すると、まず妊娠したメスジカは出産まで収容して初夏に出す。角切り用のオスジカは基本的に角を切ればすぐに放す。問題は怪我や病気の治療をするために捕獲・保護された個体だろう。こちらも傷病が治ったら放すのは同じだが、どれだけかかるかわからない。手術などしたらリハビリ期間も必要だから、わりと長期になることもある。

だが、こうした短期収容鹿とは別に、終身囲みから出ることのないシカもいる。

まず交通事故などで障害を負った個体だ。なかには身体が十分に動かなくなった個体や足を切断して三本足になったシカもいる。こうしたシカは外に出しても長く生きられない可能性があるし、観光客から何かとクレームが来るから、鹿苑から出さない。生涯、鹿苑で保護し続けることになる。

そしてもう一つの生涯収容されるシカは、奈良公園周辺に出て、農家の農作物を食べてしまった個体である。農作物を食べて首尾よく逃げるシカばかりではなく、農地の周りに張り巡らせたネットに引っかかって動けなくなっていることがある。イノシシ用の箱ワナに入ってしまうこともある。そうした連絡を受けると愛護会メンバーが出動して保護するわけだが、こうした個体は基本的に鹿苑から出さない。なぜなら一度農作物を食べたら、そのおいしさに目覚めて、放すと必ず再び農作物を狙うようになるからだ。そこで鹿苑から出さないまま一生を送らせるしかないのだ。いわば終身刑。

この点に関して批判もあるが、ナラシカを巡る食害対策として長い期間をかけて定められた掟なのだ。この問題は、本書の後半で詳しく説明する。

本当は農地にいるシカ、つまり奈良公園から出たシカは愛護会の保護の対象外なのだが、連絡があると放置できないそうだ。その背景には歴史的な事情があり、解決のために長く複雑な過程を経ているのである。

出産から傷病までナラシカを保護するという側面と、ナラシカが引き起こした食害対策を担わされる面。相反するように見えて、鹿苑の存在と利用法こそがナラシカの存在を象徴しているように感じる。

ともあれ鹿苑ではシカを飼育しているわけだから、毎日の餌やりや糞の処理など動物園なみの世話は欠かせない。こうした愛護会職員の地道な仕事の上に観光地奈良のシンボルとも言えるナラシカが維持されていることを知っておくべきだろう。

## シカ相談室と鹿サポーターズクラブ

奈良の都（平城京）が誕生したのは西暦七一〇年。藤原京から遷都された。というのは、日本史の授業等で誰もが習っただろう。

そこで二〇一〇年に平城遷都一三〇〇年を迎えて、奈良県は盛大な祭りを開催した。その公式マスコットキャラクター「せんとくん」は、今も奈良県を代表するゆるキャラとして人気を誇っている。登場直後は、「気持ち悪い」という声も出たが、今や不動の人気だ。大仏を思わせる大きな頭にシカの角が生えている姿は、まさに奈良の名物を合わせた象徴かもしれない。

この年に新たに誕生したのが「奈良公園のシカ相談室」である。ナラシカに関する、人間側のよろず相談窓口として設置されたのだ。設立は県の主導ではあるが、形式上は特定非営利活動（ＮＰＯ）法人鹿サポーターズクラブの運営だ。もっとも鹿サポーターズクラブ自体も、県の主導で二〇一〇年に設立された組織である。

それまでナラシカに関するトラブルは、みんな愛護会に任せてきた。苦情もみんな愛護会に向かっていた。愛護会にもっとも苦情を言うのは、近隣の農家である。農作物を食われた、防護柵にシカがかかった、といった類のものだ。そのたびに愛護会に連絡が入り、シカを収容しに出動しなければならない。するとシカだけでなく農家も相手にすることになる。たいていは苦情だ。時に罵声を浴びる。しかし愛護会にナラシカの仕出かした不始末？の尻拭いを求めるのはお門違いだろう。

そのほか観光客がシカとトラブルになることも少なくない。その場合のクレームも愛護会に集中した。二四時間対応なので深夜に出かけることもあるが、そのたびに怒鳴られてつらい思いをしてきたという。動物が好きで、シカと関われることに喜んで就いたはずの職場なのに人間相手の折衝に疲れ果ててしまうことが多くなった。

ナラシカ食害問題の歴史と現状については第3章以降で記すが、ともかく愛護会がクレームの矢面に立っていては、本来の目的であるシカの世話や保護に力を割けない。そこで県は対人対応は別の窓口で行えるように新組織をつくろうと考えた。

とくに平城遷都一三〇〇年祭で観光客が増えたら、ナラシカと観光客のトラブルも増えることが予想される。またクレーム対応だけでなく、観光客向きのナラシカに関する案内やイベントも愛護会が担うとなるとあまりに重荷となる。それではパンクすると、最初は県の奈良公園室が対応したが、こちらもそんなに人手を割けない。そこで新たな窓口として「鹿サポーターズクラブ」と「奈良公園のシカ相談室」を設立したのである。

愛護会はナラシカそのものを扱い、サポーターズクラブはボランティアで愛護会の主催するイベントの手伝いをしたり、奈良公園をパトロールして観光客の要望に応えて案内する。そしてシカ相談室は、シカと人のトラブルを扱う組織としてサポーターズクラブ内に設けられたのである。

サポーターズクラブとシカ相談室の拠点は、最初のうち愛護会の中に置かれた。その後アパートの一室を借り、さらに公園内の猿沢池のほとりにあった元観光案内所の建物を使うことになり、現在はここが両組織の事務所となっている。

奈良公園のシカ相談室の現在の室長は、吉村明眞さん。吉村氏はメーカー勤務だったが、ハローワークの募集を見て応募したという。

「最初からとくにシカに興味があったわけではありませんが、奈良のお役に立てる仕事なら、という気持ちでした。それに会社ではクレーム処理係を担当していたこともあって、人への対応はそこそこ経験があったんです」

最初は二人、その後は彼一人で業務を担ってきた。シカ相談室の業務も試行錯誤しながら立ち上げてマニュアル化してきた。シカの勉強も必要だし、どんな相談にどのように応じるか自ら考えて活動するのである。現在はもう一人女性が常勤で入り、再び二人体制である。

シカ相談室の業務は、県の用意したシカとのトラブル防止を呼びかける看板を四〇カ所ほど公園の各所に設置したことから始まった。シカに不用意に触るとか嫌がることをしたら、噛みつかれたり突かれたり蹴られますよ……というトラブル防止の内容を絵と英語・中国語・韓国語で記したものだ。そこにシカ相談室の電話番号を入れている。それを見て、何らかのトラブルに見舞われた人が連絡してくるようにしたのだ。ほかにも愛護会や土産物店、鹿せんべいの売店経由、さらに奈良市役所経由などで相談事が回ってくる体制を築いた。もちろん直接観光客が事務所に来ることもある。

「連絡があると、その人のところへまず駆けつけます。出かけていたときに留守電に吹き込まれた場合は、折り返し電話をすることもありますね」

内容のほとんどはシカに噛まれた、というものだという。シカには草をむしる程度の歯しかないから、仮に噛まれてもわずかに擦り傷を負うかせいぜい皮膚が赤くなる程度なのだが、病気にならないかと心配する人が連絡してくるケースが多い。とくに外国人は狂犬病の心配をするようだ。中国や東

公園内に設置された多言語の注意書き看板。イラストが人気。

南アジア、アフリカなどでは、まだ狂犬病が普通にある。狂犬病は発病すると、ほとんど助からないとされる病気である。傷はたいしたことなくても怖くなるのだろう。

ただ日本で狂犬病は、何十年も発病例がないことを説明すると、たいてい納得する。そもそもシカが媒介する病気でもない。

あとは角で突かれるケース。角切りをしていても、時に立派な角を持ったシカが公園内にはいる。そんなシカにちょっかいを出しすぎて、シカが首を振ると角が人に当たる場合もある。時に服が破れたりする。角で幼児を持ち上げたという連絡もあったそうだ。その際、子どもは芝の上に落ちたので怪我はなく、騒ぎにはならなかった。もっとも重傷のケースでは、シカに体当たりされて倒れた際に肋骨が折れた、押された拍子に転んで手首を骨折した、というものがある。

ほかにも、ただ散歩していただけなのに体当たりされたとか、子ジカの写真を撮っていたら母シカに突かれたとか。苦情に関して男女差はあまりないという。

シカ相談室は、電話で聞いてたいした

怪我でないことがわかっても、できる限り直接会って説明することにしている。現場に駆けつけて怪我をした人の傷の応急手当をする。怪我の程度がちょっと大きい場合は病院を紹介する。その際は一緒に連れていき診断が終わるまで付き添う。

「我々の仕事は、観光客がシカに対して不安を持たれたり、シカを嫌いになってしまわないよう安心させるのが目的なんです。ひいては奈良で嫌な思い出を作ってほしくないという思いでやっています。トラブルにあった人も、奈良によい感情を持って帰っていただくとありがたいですね。最初は怒っていた人も、一生懸命に対応すると最後に『ありがとう』と言ってくださると、嬉しいですねえ。礼状が来ることもあります」

よく「シカを放し飼いしている」という言われ方をするが、この誤解を解くことも必要となる。奈良県民にもそう思っている人がいるが、あくまでナラシカは野生であり、彼らが引き起こしたトラブルに対して賠償責任はない。ただ気持ちよく観光してもらうためにトラブル解決のお手伝いをする……というスタンスだ。

そもそもトラブルは、たいてい人間側に原因がある。鹿せんべいをシカの目の前にかざしながら、わざと与えないなどするとシカも怒るのだ。またシカが焦ってせんべいを人の手から食べようとした際に指も一緒に噛むケースも少なくない。無理に近寄って角や身体を触ったり叩いたりすると、驚いて反応する。それが体当たりだったり噛みつきだったりするわけだ。子どものほうが無茶なことをやりがちだ。

とくに妊娠している早春から出産の季節はメスジカが気を荒くしている。逆に秋の発情期はオスの気が立っている。初夏から秋にかけては子ジカに近づいたり触ろうとしたりすると、親シカが突進してくることもある。ようするに年中何らかの危険要素はある。

ここ数年、外国人の割合がどんどん増えている。中国人、台湾人、韓国人が多いが、欧米人も結構いる。そんな外国人に向けてチラシも作っている。中国語（簡体字と旧漢体の二種）とハングル、そして英語。時に電話の通訳サービスを使ったり、奈良市内にある外国人向け観光案内の人にも助けを求めたりすることもある。面白いのは、欧米人のほうがシカにベタベタしたがるとか。一方で中国語で給料のことをルー、鹿もルーと発音するので、縁起がよいという発想で中国人・台湾人にも人気があるらしい。

もちろん、日本人からの苦情もある。なかには奈良県人、奈良市内の人もいる。

なお、室員は事件がなくても随時公園内をパトロールしている。自転車やバイクで大仏殿の前から若草山まで広く巡回しているそうだ。観光客の振る舞いを見て、事故が起きる前に注意するためだ。外国語が堪能なわけではないが、今では外国人でも気後れせず声をかけるようになれたそうだ。

農作物や庭木の被害に対応することもある。これは愛護会の領分だが、その処理に同行することもある。被害に関する交渉は、人対人だからだ。

「行ってみたらイノシシだったこともあります。また畑の周りにネットや柵を設置するので手伝ってくれということも。さすがにこれは困ります（笑）。でも農家も高齢者が多いので、一人では設置できないというんですね。こちらとしては防護のアドバイスをしたり、なだめたりするのが精一杯です」

土日は忙しくなるので二人体制だ。事務所を開けているのは午前八時半〜午後五時半だが、その後は携帯電話に転送されて受けることになる。さすがに深夜はほとんどないが、事務所を閉めた途端に電話が鳴ることもあるそうだ。たとえば昼間噛まれたことが心配で夜になって連絡してくるケースなどである。

愛護会といい、シカ相談室といい、三六五日二四時間対応。涙ぐましい努力でナラシカと奈良観光を支えていることを知ると、ちょっと胸が詰まった。

鹿サポーターズクラブの活動は、愛護会を中心としながらも、奈良公園に関わるエコツアーやフィールド活動への参加とお手伝いが多い。

たとえば「どんぐり拾い」のイベントを主催する。これは鹿苑収容のシカの餌や鹿寄せ行事などで必要なシカの餌を集めるのが目的だ。場所は奈良市街から西へ五キロほど離れたところにある平城宮跡で行う。一二〇ヘクタールの平城宮跡の大部分は草原となっているが、シイやカシ、ナラ類の木々も結構生えていてドングリを実らせるのだ。それを集めるイベントなのである。会員だけでなく、一般人も参加してもらって三〇〇人程度になるが、一日でざっと四〇〇キロから六〇〇キロのドングリを集める。

ほかに愛護会が行うナラシカの頭数調査への参加者を募ったり、子ジカ公開や角切り行事などの見学客をさばくお手伝いもある。奈良公園のクリーンアップキャンペーンやセミナーなどへの参加、手伝いも行っている。

パトロールもグループで行っている。ごみ拾いも大切な役割だ。単に公園の美化ではなく、ビニール袋などを鹿が食べてしまわないようにするのが目的である。

組織としてはNPO法人となっているが、理事などは常勤ではないから事務局は現在は船元良子さん一人。彼女の仕事は、主にコーディネート役だ。イベントなどに関して必要な人員数と会員の要望・参加可能日時に合わせて割り振りしている。これが想像以上に大変なのだそうだ。

会員は二〇一七年度で一一〇人ほど。会員は、六〇歳を超えたリタイア組が多い。会員用のユニフォームや腕章も作っている。またお土産用のシカグッズを作ってイベント会場などで販売もする。

やはり奈良県民が多いが、シカのためというよりは奈良のために何かできないか、という思いで参加される方が多いようだ。いつも奈良公園を散歩しているので地域のために、といった動機のほか、小学生がシカが好きで参加したいというケースもある。子どもがイベントに参加する際は、保護者も会員でなくても付き添ってもらうことになる。

ちなみに東京都や神奈川県など関東圏の会員も意外と多いという。奈良県外の人は、いわゆる根強い奈良ファンが多い。しょっちゅう奈良を訪れているが、単に観光で歩くだけでなく地元に関わりたいと、サポーターズクラブに登録する。好きな奈良のために何かできないか、という思いがナラシカのサポーターになることを選ばせるのだろう。

鹿サポーターズクラブと奈良公園のシカ相談室。観光対策や市民活動とはいえ、いずれもナラシカのためという目的を掲げている。こんな組織がいくつも存在するのは全国的にも珍しい、というよりほかにないだろう。

それにしても、と思う。なぜここまでナラシカに対して尽くせるのだろう。飼育しているわけではない野生動物に、これほど多くの人々が真摯に取り組んでいることに驚嘆せざるを得ない。

## 陰の仕掛け人・奈良公園室

これまでナラシカについて関わる組織として、奈良の鹿愛護会と奈良公園のシカ相談室、そして鹿サポーターズクラブの活動を紹介してきた。そこで気になるのが、行政窓口である。ナラシカを管轄するのは、どこなのか。

じつは、意外と難しい。まずナラシカが生息する自治体は、中核市の指定を受けている奈良市だ。ただし奈良公園を管轄するのは、奈良県となっている。一方でナラシカが国指定の天然記念物である点からは国の文化庁も関わるだろう。

現状を見ると、やはり奈良県がナラシカを取り仕切っていると考えるべきなのだが、では県庁の中のどの部署なのか。観光客と関わるのだから観光関係なのか、奈良公園なのだから公園緑地関連、街づくりの部署なのか。まてよ、文化財ということでは文化財保護課もあるだろう。さらに野生動物の保護という点では環境局とも言えるし、獣害の観点から農林部かもしれない。その場合は農業部署か林業部署か。もしかして春日大社もナラシカと切り離せないから社寺関係の部署も関わるのではないか……。

少々迷いながら問い合わせたところ、現在ナラシカの窓口となるのは、二〇一一年に設置された奈良公園室であった。これは奈良公園に関わる分野の横断的な部署として設けられたそうで、公園内の道路や施設（民間の観光関係施設も含む）、植栽樹木などを全般に扱う。ナラシカも奈良公園の一部という位置づけらしい。

「基本的な考えは、〝一〇〇年後も、奈良のシカが今と変わらず奈良公園に元気で暮らしていること〟が目標です。これまで一〇〇〇年以上続いてきた奈良の人々とシカの関係を守って、シカの野生を保つ、彼らの棲みやすい状態を維持することが目標です」（奈良公園室の北畑雄一郎室長補佐）

もちろん部署としては奈良公園全般を管轄するのだから、ナラシカだけに関わっているわけではなく業務は幅広い。また課題もいっぱい抱えている。一二年には「奈良公園基本戦略」を作っている。その内容からナラシカに関わりそうな部分を抜き出してみよう。

まず最初にうたっている「奈良公園の価値」は、

○奈良公園は国内外から年間一〇〇〇万人以上の来訪者が訪れる日本を代表する観光地であり、市街地に隣接した公園である。

○奈良公園には世界遺産である「古都奈良の文化財」をはじめとして、数多くの資源が存在している。

○奈良公園の価値とは、奈良公園の自然資源、歴史・文化資源、公園資源、及び各資源が融合した独特の風致景観である。

三番目の「自然資源」を構成するものとして、まず特別天然記念物の「春日山原始林」がある。これは世界文化遺産でもある。次に天然記念物指定のルーミスシジミ生息地、春日大社ナギ樹林、知足院ナラノヤエザクラなどと並んで、「奈良のシカ」が挙げられている。ほかにも奈良公園周辺の眺望には若草山や御蓋山《みかさ》（春日山）、東大寺や春日大社の参道などが挙げられているが、いずれもナラシカに関わる場所だろう。

この自然資源を「維持」するための課題として「奈良のシカ」の交通事故の増加や農作物の被害が出てくる。ほかに「ナンキンハゼ等の外来種の侵入による春日山原始林の荒廃」が挙げられているが、こうした植生の変化にもナラシカは関わっている。

どうやら「奈良公園の価値」の項目の多くにナラシカは関わっているようだ。

そして奈良公園の魅力の維持と、利活用の推進がうたわれている。観光施策とナラシカの保護の両面作戦だ。言うは易し、行うは難し。実行するにはなかなかハードルが高いように思えてくる。

さて「奈良公園基本戦略」の中で、ナラシカに関わる施策には何があるか。

まず奈良市や春日大社とともに奈良の鹿保護育成事業実行委員会をつくっている。ここがナラシカの総合的な施策を扱う部署である。

この委員会を通じて補助金の支出なども含め、愛護会やサポーターズクラブとも関わる。もっともサポーターズクラブもシカ相談室も奈良公園室の肝入りで作られたわけであり、やはり奈良公園室が、全体に目配りする立場にあると言える。

なおナラシカに関わる施策は、奈良公園室も管轄する奈良県まちづくり推進局の理事であり、観光局理事も兼ねる中西康博氏の存在を外せない。二一世紀に入ってからのナラシカ関係の施策に全面的に関わってきた。サポーターズクラブやシカ相談室の設置を進めたのも彼である。

愛護会が食害にあった農家との交渉や、シカによって怪我をした観光客への対応まで負わされて過重な業務がかぶさっている様子を見て、対人間はシカ相談室に分離し、愛護会は対ナラシカに専念してもらうようにしたのである。さらに愛護会の活動をボランティアで応援する鹿サポーターズクラブを立ち上げたわけだ。

「間違わないでいただきたいのは、我々が保護するのは奈良の神鹿です。シカなら何でも保護しているわけではない。奈良のほかの地域のシカは、害をなすのなら駆除するのはかまわないんですよ。ただし一〇〇〇年の歴史を擁する神鹿は絶対に保護する、これが大原則です。そのうえで周辺の農家や森林植生への被害などといかに折り合いをつけるかを考えています」

中西理事はそう力説した。奈良に生まれ育ち、幼年期からずっとナラシカと接してきただけに思いは熱い。熱すぎるほどだ。

「ただ、現在奈良のシカを取り巻く状況は、そんなによくないと思っています。シカといえば食害問題ばかりが注目されていますし、奈良県民のシカへの思いも変化してきました。むしろ県外の人のほうがシカを可愛がって、県民のほうが邪険に扱っている様子がありますね。歴史的な神鹿としての意識を地元住民にしっかり持ってもらわないと将来的に危うい状態に陥るんじゃないかと感じます」

一〇〇年後も奈良公園にシカと人が共生する社会を保つ。この理念は、スローガンを掲げたら自然に実現するほど甘くないのである。

# 第3章　ナラシカの誕生と苦難

## 神鹿の誕生――春日大社への旅

本章では、ナラシカが誕生する歴史的な成り行きと位置づけを考えてみたい。

文献上、日本でシカが最初に登場するのは『日本書紀』だ。ヤマトタケルノミコト（日本武尊）が信濃に進軍したところ、山の神が白鹿になって皇子の前に立った、という記述である。もっとも、このシカは殺されてしまうのだから山の神を殺したことになる。

その後、仁徳天皇五三年（三六五年）に白鹿を天皇に奉ったという記述もある。ほとんど神話の時代だが、その後も白鹿の記述は、推古天皇、天武天皇などにいくつかある。白鹿は吉兆として扱われたことは間違いないが、狩りの対象にもなっているのだから、神鹿扱いではないだろう。

では、いつからナラシカにつながるシカが登場するのか。それは奈良の都の誕生までさかのぼらなくてはならない。

大規模な条坊制を持つ初めての都・藤原京（現在の明日香村と橿原《かしはら》市にまたがる地域）への遷都が行われたのが六九四年。それがようやく落ち着いた途端、今度は平城京の建設が決まった。遷都したのは七一〇年である。

その後も都を恭仁京（京都府木津川市）や難波宮（大阪府大阪市）、紫香楽《しがらき》宮（滋賀県甲賀市信楽）などに移そうとするなど落ち着かない時代なのだが、七六八年に、実力者の藤原永手《ふじわらのながて》が自らの氏神を祀《まつ》るために春日大社（当時は春日社。その後春日神社、さらに春日大社など名称をたびたび変えるが、ここでは煩雑さを避けるため全時代の表記を春日大社で通す）を創建する。

藤原氏の源流である中臣《なかとみ》氏は、鹿島を含む常陸《ひたち》地方の出身であったために氏神は鹿島神宮のタケミカヅチ（武甕槌）とした。ほかにも千葉の香取神宮のフツヌシノシカミ（経津主命）、河内の枚岡《ひらおか》神社に祀られていたアメノコヤネ（天児屋根）とヒメミカミ（比売御神）を合わせて祀った。

ここでナラシカ絡みで重要なのは、鹿島から招いたタケミカヅチだ。鹿島神宮は現在の茨城県鹿嶋市にあり、『常陸国風土記』にも記載のある古社である。タケミカヅチは当初海上交通の神だったが、神話の世界ではオオクニヌシノミコト（大国主命）の出雲の国譲りでも活躍し、さらに後の神武天皇による大和征服も助けている。そして相撲の神様にもなった。なかなか多彩な顔を持つのだが、大和に王権が誕生してからは、蝦夷《えみし》の平定神として、後には歴代の武家政権からは武神として崇敬されるようになった。現在も剣道など武道場には、香取大明神とともに鹿島大明神の掛け軸を掛けることが多い。

「古都奈良の文化財」として世界遺産に登録された春日大社。

さて『古社記』という春日大社の由来書によれば、タケミカヅチは白いシカにまたがって春日山まで来たという。シカをウマのように乗用として使うことが現実にあったのかどうかわからない（おそらくニホンジカに人が乗るのは無理だろう）。ただ、この伝承が「シカは神の使い」とする理由となる。これがナラシカにつながる最初の記述とされている。余談だが、旅に出ることを「鹿島立ち」と言うのは、この故事にちなむ。

なお鹿島という地名も、鹿という漢字を使っているが、伝承ではアマテラスオオミカミ（天照大神）がタケミカヅチに「オオクニヌシノミコトに出雲国を譲るように伝えよ」と命令した際の使者アメノカクノカミ（天迦久神）がシカの神霊だったとされる。だから鹿島神宮の神使はシカなのだそうだ。神社名（地名）も最初は「香島」だったのが「鹿島」に変えられたそうである。となると、ナラシカの正体はアメノカクノカミということになるが……。

タケミカヅチの旅立ちは、神護景雲元年（七六七年）六月二一日。翌二年に奈良の御蓋山に到着して鎮座されたとする。約一年の旅路である。後に春日大社の社司の祖となる中臣時風《ときふう》と中臣秀行《ひでつら》がそれに付き従ったことになっている。

この旅の伝承は各地に残されている。道中に明神さん（タケミカヅチ）が泊まった、休憩したと伝えられる神社がいくつかある。なかでも気になるのは、旅の途中でシカが病死したという言い伝え。お供をしていた神鹿が急病で倒れたのだそうだ。それが現在の東京都江戸川区鹿骨《ししぼね》である。村人が亡くなった神鹿を葬って鹿見《しし み》塚を造って祀り旧鹿骨村の鎮守とした。「鹿骨」という地名の発祥でもある。また現在の鹿骨鹿島神社の創建由来にもなっている。

だが、シカは奈良に到達しているわけだから……タケミカヅチが連れていたシカは一頭だけではないことになる。何頭も引き連れて、取っ替え引っ替えシカにまたがったのだろうか。あまり大切に扱ってもらえなかったようだ。

さらに滋賀県草津市にある立木神社でも、旅を伝えており、シカを祀る。立木神社の由緒書によると、この地に一行が着いたときに里人が神殿を建設してタケミカヅチを祀ったのが立木神社の起源である。その際に手にした（シカの鞭代わりにしていた）カキの木の杖を社殿近くの地に挿したところ、根付いて枝葉が茂ったという。

三重県名張市の積田神社にも同じ縁起が伝わっている。こちらには、今も社殿の裏手にカキの古木がある。境内には御座所跡もある。さらに近くの中山宮にも立ち寄った伝承が残されている。

ともあれタケミカヅチは、各地に足跡を残しながら奈良の春日山に到着して春日大社の祭神になったわけである。そして供をしたシカも奈良の地に根付き、春日の神の使いとなってナラシカとなったとされる。

その後は枚岡《ひらおか》神社にも行っている。枚岡神社は現在の東大阪市にある「河内国一之宮」と崇められてきた古社だ。主祭神のアメノコヤネノミコトは中臣氏の祖神であり、その后神であるヒメミカミとともに春日大社に勧請され祀られた。そのため枚岡神社は「元春日《もとかすが》」とも呼ばれるのだが、この祭神の互換にシカは同伴したという。だから枚岡神社にもシカの像が設置されている。私は子どもの頃、この神社でよく遊んでおり、シカの像があったこともなんとなく覚えている。

面白いのは、タケミカヅチはその後再び常陸の国に還幸したとする伝承が東国には残っていることである。ならば奈良に残った神は何者なのか。いや、神を肉体と捉えるのが間違っているのかもしれない。分身して両方に鎮座しているのだろう。

ただ注意が必要なのは、こうした伝承を伝える『古社記』が記されたのは鎌倉時代の一二三四年であることだ。シカを春日大社の創建に結びつけたのは、この頃なのかもしれない。つまり後付けの可能性もある。

いずれにしても春日大社が創建されたのは奈良時代の中頃であることから、平城遷都の初めの頃は神鹿という発想はなかったことになる。だいたい聖武天皇もシカ狩りを楽しんでいたのだ。天皇が狩りで追っていたシカを、里人が知らずに捕まえ食べてしまったのでその者たちを捕らえた……という記録（七二七年、郡山村）が『日本霊異記』にある。全然シカを保護していない。里人に対しても厳しすぎる。

なお、これまで春日大社を中心に紹介してきたが、藤原氏は仏教に帰依して興福寺も建立している。その歴史は、六六九年に創建した山背国《やましろ》山階《やましな》（現在の京都市山科区）に創建した山階寺にさかのぼる。藤原鎌足夫人の鏡女王が夫の病気平癒を願って建立した寺だ。そして藤原氏の氏寺となった。壬申の乱のあった六七二年に山階寺は藤原京に移り、厩坂寺《うまやさか》と改称する。さらに平城遷都に際し、平城京の現在地に移転し「興福寺」と名付けたのである。つまり春日大社より早くから興福寺はあったことになる。

その後興福寺は奈良の寺院勢力の中心となり、世俗的な権力も握る。それは長く近世まで続くが、神仏習合思想により春日大社と興福寺は一体化を進めていく。僧も春日山中で修行したという。だからナラシカは、春日大社だけでなく興福寺にとっても重要な存在となったのである。

長々と伝承の中にナラシカの起源を追いかけてみたが、現実的に動物として見たナラシカはどこから登場したのだろう。ナラシカの始祖を全部常陸の国から来たシカとするには無理がある。もしかしたら、数頭は鹿島神宮から連れてきたのかもしれないが、それが現代のナラシカすべてとつながるとは考えにくい。

奈良県生駒市（奈良市の西隣）の北部に鹿畑《しかはた》という土地があり（現在はニュータウンが開かれ鹿ノ台、美鹿《みか》の台などの地名もある）、昔から多くのシカが生息していたと伝わる。この地にある素盞鳴《スサノオ》神社に残された記録には、シカを捕らえて春日大社に奉納したとある。それがナラシカの先祖だと伝えられている。

ただ都を築く奈良の地にも、野生のシカがいたのは間違いないだろう。平城京の建設以前の奈良の土地は、一部は湿地帯だったが森が密生していたと思われる。シカが生息していてもおかしくない。おそらく都を築く過程で、シカは工事に携わる多くの人々によって狩られたに違いない。当時、シカは食糧になる獲物だったのだ。

当時を想像できるものに万葉集の歌がある。「乞食人が詠める歌」として、シカが登場する歌が巻一六の三八八五にある。該当部分を訓読文で記す。

「鹿待つと　我が居る時に　さ雄鹿の　来立ち嘆かく　たちまちに　我れは死ぬべし　大君に　我れは仕へむ　我が角は　み笠のはやし　我が耳は　み墨の坩　我が目らは　真澄の鏡　我が爪は　み弓の弓弭　我が毛らは　み筆はやし　我が皮は　み箱の皮に　我が肉は　み鱠はやし　我が肝も　み鱠はやし　我がみげは　み塩のはやし　老い果てぬ　我が身一つに　七重花咲く　八重花咲くと　申し賞やさね　申し賞やさね」

これを意訳すると、

「シカを待っていたら、私のいるところにオスジカがやってきて、私が殺されたら大君に身を捧げましょう、角は笠の材料に、耳はお墨壺に、目はきれいな鏡に、爪は弓弭《ゆはず》（弓の両端にある絃をかける部分）、毛は筆の材料に、皮は箱の皮張りに、そして肉と肝はナマスの材料に、胃袋は塩辛に、老いたシカの身一つで七重に花が咲く、八重にも花が咲くと誉めてください（という）」といったところだろうか。

ようするにシカの各部分が何に利用できるかを記しているのだ。言い換えればシカを獲って利用していた証拠となるだろう。

遷都直後はシカを特別視することはなかっただろう。だが春日大社が設けられて、祭神のタケミカヅチに付き従った神の使いがシカの精霊だということで、徐々に保護が進むようになったのではないか。

やがて都が落ち着いてくると、森を切り開いたところには草原が広がった。背丈の高い樹木があると地面まで光が届かないので草は生えにくいが、切り開かれた土地はすぐに草が生える。当時は舗装もされない。宮殿や住居、道だけでなく、数々の寺院や神社の建設が進むといたるところに草が生えた。草はシカにとってありがたい餌となる。

都の周囲に残された森に棲むシカは、餌場として都の中まで侵入したのではないか。通常ならシカも人を警戒しただろうが、春日大社の伝説によりシカを狩ることが抑制されたため、徐々に街に出ても安全だということに気づく。おいしい草が生えているところに出ていきたいはずだ。やがて堂々と闊歩するようになる。この頃からシカにとって平城京は安全で、餌も多い地域となっていったと想像する。

また地方から春日大社や興福寺にシカを寄進した記録もある。たとえば七六八年に播磨の国、七六九年に伊予の国から白鹿が献上されている。春日大社を創建したばかりの時期だから、まだ神鹿伝説は広がっていないと思われるが、白い動物は吉祥だったのである。その後も各地からシカの献上は続いている。

これらのシカが境内に放されて、やがて地元のシカと交配して子孫を残したとすると、ナラシカの遺伝子には意外と各地のシカのものが混じっているかもしれない。

## 重罪だった神鹿殺し

平城京は、七八四年に長岡京に移される。さらに七九四年、今度は平安京へ再遷都された。これが現在の京都の始まりだが、奈良は都を廃されたのである。この遷都では、大極殿など天皇に関わる建物も移築したらしい。当然、役人も移り住んでいく。そのため奈良は寂れていった。

もっともその後は南都と呼ばれるとおり、多くの寺院のある奈良が、いきなり無人の地になったわけではない。南の都としての権威は保ったようである。京に移り住んだ公家たちは春日大社や興福寺、東大寺などにたびたび参ったことが記される。仏都という呼び方もあって、宗教的な権威を保ち続けたのである。

少し後になるが、一〇世紀末から編まれた『和漢朗詠集』に「緑草は如今麋鹿の苑」という言葉があり、平城の古京は、今はシカの群れの棲家になっているという記述がある。奈良にシカが多く棲んでいたことを示している。シカの保護は継続されていたのだろう。

ただ、はっきりと奈良のシカは（白鹿でなくとも）神聖だと示す記述が登場するのは、もう少し後になる。

藤原行成の日記『権記』には、一〇〇六年の冬、暁に沐浴して春日大社に参拝して下りてきたところ、シカに会ったことを「これ吉祥なり」と記している。白鹿でなくてもシカに会うことがメデタイと感じたのだから、神鹿思想の始まりだろう。これは春日大社の境内でシカを目撃したという点でも、初の記録だ。

その後、一一一二年に春日大社の境内でシカが四、五〇頭現れたという記述が『中右記』にあり、それを大吉相であるとして、その地に塔を建立して春日大社に寄進したとある。この頃には神鹿という発想が根付いていたのかもしれない。

そして各地方の権力者が、春日大社だけでなく興福寺にもシカの寄進を重ねる。寺社勢力を味方につけるためと思われるが、この頃には「奈良といえばシカ」が定着してきたのだろう。

一一七七年には、右大臣九条兼実が五歳の娘を連れて夜中に春日社に参拝したことを日記『玉葉』に記しているが、その際に多くのシカが集まってきたとある。これを大吉祥として、娘に「春日詣で最初にシカに出会ったら、必ず車（牛車）を下りて拝し奉るのだというと、小童は車から下りて（シカを）拝んだ」と記されている。

ただシカに出会うだけで吉祥ということは、なかなかシカには出会えなかった（会えたことが幸運）ということになるかもしれない。今のように当たり前にシカが闊歩している状態ではなかったのだろう。ある程度の希少性がシカの価値を高めて、それが神鹿思想を形成していったことがわかる。

この神鹿思想とは何か明確に規定するのは難しいのだが、シカを神そのものとするのではなく、神の意をいただくもの、神の使い（眷属）として崇めるものだ。やがて春日信仰を広めるために製作された「春日曼陀羅《まんだら》」の中にシカも描かれるようになり「春日鹿曼陀羅」が成立するようになった。さらに「鹿図屏風」なども描かれたのである。こうして神鹿信仰へと発展したが、奈良の町には今も根強く残っている。

春日鹿曼陀羅。シカの鞍にサカキの枝を乗せ、枝先に春日大社の本地仏が描かれる。（Wikimedeia Commons）

神道の春日大社に仏教の曼陀羅というのはおかしな気もするが、むしろ神仏習合を進める契機としてつくられたのだろう。興福寺の僧兵が宇治まで強訴したときも、神霊を移した神木とともに神鹿を連れていったという記録が残っており、寺側もシカを利用していた。これを「神木動座」と呼ぶ。神鹿には人間も逆らえないのである。

神鹿思想が広まると、今度は神鹿に害をなしたものを処罰するようになる。一二七七年に鎌倉幕府執権の北条時宗は、神鹿を殺害した者は死刑という禁制を作っている。どうやら神鹿殺しが増えていたらしい。なぜ鎌倉幕府が奈良の神鹿信仰に口を出したのかはっきりしないが、幕府が寺院勢力の支持を必要として、寺社の権威を高める意図があったのかもしれない。禁令が出たのは、七四年の元寇の襲来（文永の役）直後だ。八一年の弘安の役に備える中で神仏の加護を得たかったと考えることもできる。

そこで七八年に春日大社と興福寺で神鹿殺害に対する対処法が定められた。興福寺の衆徒だけでなく社家（神社の神職を世襲してきた人々）も加わって裁くこと、捕まえたものに褒美を出すことと決まった。神鹿は春日大社のものと思いがちだが、むしろ興福寺のほうが発言権は強かった。おそらく政治的権力と実行力があったからだろう。

肝心の処罰内容だが、厳罰だった。興福寺衆徒は、神鹿を殺害したものは寺僧や児童の殺害と同じとして、死罪に処したのである。

一三世紀以降になると、多くのシカ殺害者が処罰された記録がある。一二六九年にはシカを殺した四人が断頭された。七三年にはシカの殺害に遭遇して、寺僧や神人（下級神職）、郷民などが蜂起したという。もはやシカの殺害は一揆を引き起こすほどの大事件に膨れ上がったのだ。

ところで室町時代は戦乱続きだった。足利氏の室町政権が落ち着くまでの観応の擾乱《じょうらん》、南北朝と後南朝（南北朝の後に再び皇胤が吉野の山中に南朝の旗を奉じて、北朝と対決した時代。畿内を中心に約六〇年続く）の騒乱も引き起こす。そして重なるように、応仁の乱が勃発する。これらの騒乱は、一般には京都を舞台としたように思われがちだが、じつは南都、つまり奈良でもかなり戦闘が起きている。当時の奈良には守護大名のような地域全体を統べる権力者はおらず、多くの領主が割拠する中、寺院勢力（とくに興福寺）が実権を握り続けた。そして戦国時代ともなると、中央政治の実権を握るには京の都だけでなく、南都を押さえることも重要だった。奈良の宗教勢力が京都の皇族や公家、そして足利将軍家や有力武家とつながり、侮れない影響力を持っていたからだろう。

だから、奈良も常に騒乱に巻き込まれていた。その中でナラシカの扱いは、いかなる状況にあったのだろうか。

まず、シカ殺しは絶えなかった。遺体に片足がなかった例も報告されているから、肉目当てかもしれない。また、農作物を荒らしたので追う過程で死なせることもあったようだ。そうした事象に対する寺院側（興福寺）の対応がすさまじい。

一四五九年六月一〇日には犯人の家を焼いた、とある。翌年もシカ殺しのために講衆徒《こうしゅ》（寺院の説教を聞く人々。信徒）が暴れた。七一年には神鹿が興福寺の南円堂壇上で死んでいて、その犯人探しを行った記録がある。七三年にシカを殺した犯人三人が逮捕されて拷問された。死刑に処されたと思われる。

ほかにも数々の「講衆の蜂起」、つまり寺院側がシカ殺しに対して強い対応をしていた。シカが死んでいたら、鐘を撞き鳴らして出動したという。まるで火事が発生したような騒ぎである。そして犯人探しに奔走し、捕まえては断罪する。シカ殺しの密告者には賞金を出したらしい。

ただ、小法師（幼い僧）が神鹿を殺した際には、罪を免除している。仲間うちには甘かったのか。それは同時に奈良の町を牛耳っていたのが寺院であり、領主以上の権限（今風に言えば警察権や裁判権）を持っていたことがうかがわれる。とくに神鹿に対しては世俗の権力も手出しできなかったようである。

一五四三年には、他国の人が奈良にやってきてキツネやシカを食った罪で処刑されている。奈良の事情を知らなかったようである。もっと壮絶なのが、五一一年に一〇歳程度の少女が石を投げたところシカに当たってしまい、そのシカが死んだ事例だ。

少女は逮捕されて〝大垣廻し〟（いわゆる市中引き回し。後ろ手に縛り裸馬に乗せて興福寺の外側の大垣の周囲を三周回る）されたうえに奈良町から追放となり、奈良坂で断頭されるのである。両親ほか親族も処罰を受けるので、逃亡したという。そこで彼らの家を破壊したそうである。

……もっとも、この事件に関する興福寺側の記録はない。シカ殺しを行ったのは、西京新九郎という男だとされている。日付も違う。少女だったことにしたほうが衝撃的ということで、脚色された可能性もある。

一方で、シカがオオカミに襲われた例もたびたび記録されており、オオカミを追う処置もしていたようだ。また戦火で神鹿に矢が当たって死んだ記録もある。

一四九八年に「鹿守」という職種も登場した。シカを守ったり世話をする役目だろうか。現在の愛護会に相当する仕事が、五〇〇年以上も前に存在したようだ。

戦国時代も後半になると、畿内勢力も固まってきた。一時期、三好長慶が室町幕府を牛耳り、その後を三好三人衆、松永弾正久秀、筒井順慶……などが争いつつ将軍家や公家、そして天皇に影響力を持って畿内政権を動かした。天下統一までは行かなかったが、無視できない権力を持っていた。やがて織田信長が上洛して南都も支配した。そして秀吉、家康の時代となる。その時代にもナラシカの記録は点在する。

松永久秀に面会したポルトガル人宣教師ルイス・デ・アルメイダは、奈良の全域にシカとハトが驚くほど多い、しかも民家の中に堂々と入っていくのを見たが、誰もそれを妨げない。それらを殺すと死罪になるからだ、と記している。ハトも保護されていたというのはほかに記録が見当たらず、本当なのかどうかわからない。

さらに市中に三〇〇〇ないし四〇〇〇頭もシカがいて寺院に属しているとか、一頭でも殺すと同人は死刑で、家財は没収、一族も滅ぼされる、シカが死んでいたら町が死因を調べて報告しないと罰を受ける……と説明が続く。頭数は多すぎるように思うが、外国人も奈良ではシカに特殊な扱いがされていたことに驚いたことが伝わる。

なお松永久秀は神鹿殺害と山木伐採の禁制を発している。シカ殺しは罪ということが、政治権力側からも認められたことになる。織田政権となってからは柴田勝家が神鹿の保護を興福寺に命じて捕殺犯人密告者に銀一〇〇丁を払うとしている。さらに滝川一益や明智光秀もシカ殺しの処罰を命じていることから、政治権力側も神鹿を認めるとともに寺院・神社支配に利用したのだろう。

もっとも織田信長が神鹿を崇めていたとも思えない。むしろ、とんでもないことをしでかした。一五七五年に奈良の神鹿を二頭、京に連れ去ったのだ。目的は不明だが、神鹿を手元に置きたかったのか。興福寺も、信長には逆らえなかったらしい。

とはいえ興福寺は、その後も庶民の神鹿殺しに対しては死刑を処し続けている。一五八九年に神鹿を殺した三人は、大垣廻しをしただけでなく、鍋で煮て殺したとある。もはや処罰は拷問以上にエスカレートを続けたのだ。

豊臣秀吉の時代になると、秀吉は信長の真似をしたのだろうか、九一年に神鹿六頭を京に連れ去っている。さらに三頭を追加した。ところが信長がシカを連れ去って数年後に本能寺の変が起きたことを思い出したようだ。不吉と思ったのか、西国（丹波か中国地方と思われる）より取り寄せたシカ一五頭を奈良に送ってきたという。それを春日大社の大宮殿前に放したとある（『多聞院日記』。興福寺の僧侶によって一四〇年間書き継がれた畿内の記録）。ただ筆者は、他国のシカを神は喜ぶだろうか、と疑問を付けているところを見ると、地元の人々は冷ややかに見ていたようだ。また神鹿の血統を重んじる意識もあったのだろう。

やがて徳川家康が支配を強め江戸幕府を開き、ようやく奈良も落ち着きを取り戻した。一六〇二年、南都に入った家康は禁制を定めるが、その中に神鹿の扱いも含んでいる。「興福寺春日社神鹿之事」として、社寺境内においての狩猟を禁じている。

## 奈良奉行と角切り行事

江戸時代になると、奈良には幕府の奈良奉行所が置かれた。一六一三年のことである。通常の奉行所より権限も大きく大大名なみの規模を誇った。奈良奉行所のあった場所は、現在の奈良女子大学のキャンパスであるから、その広さを想像してみるとよい。

奈良奉行所の管轄地域は、ほぼ旧奈良市（平成の合併以前。都祁《つげ》村や月ヶ瀬村などは入らない）で、町政全域を差配したようだ。とはいえ興福寺をはじめとする寺院・寺社勢力はまだ強力で、奉行の役割は社寺の保護と管理が主要な任務となっていた。ナラシカに関する事象は、やはり興福寺が担っていた。シカ殺しの犯人を奈良奉行所が捕まえても、興福寺に引き渡している。処罰も任せていた。ところが四〇年頃からシカ殺し犯を寺に引き渡さなくなってきた。徐々に奉行が力を強めてきたのだろう。

六八年には、神鹿を襲って殺したイヌを春日大社の禰宜《ねぎ》が追いかけて、藤堂藩領（現在の三重県名張市辺りと思われる）に入って射殺し、飼い主にまで傷害を負わせる事件が起きた。これに対して藤堂藩は厳重に抗議し、結果として「興福寺あやまり」になって春日大社禰宜は処罰されている。国法が寺法より強くなり寺社勢力を抑え込んだのだ。

これまで神鹿に関しては国衆も口出しできずにいたのだが、この頃から力関係の逆転が起きてきたようだ。またうまく処理できなかった奈良奉行・土屋利次は後に職を追われる。七〇年に奈良奉行に就任した溝口豊前守信勝は、興福寺側の宗教的特権を認めない方向に舵を切った。そしてナラシカに関する取り扱いは、奈良奉行所が中心となって行うようになっていくのである。

七八年に長四郎というシカ殺しの犯人に対して興福寺は処刑請願を出したが、奉行所はそれを拒否した。ついに寺院による処罰を認めなくなったのだ。これをもって興福寺の奈良支配は終わりを告げた。以後はシカ殺しについても幕府側が裁くようになった。

七〇～八〇年代にはシカの死体が発見され容疑者は捕まったが、（証拠不十分で）処罰されていない事例が見える。一八二二年にもシカ肉を売買していた犯人が三名捕らわれたが、長期の入牢だけで処刑はされていない。三三年には子ジカを殺した者が所払い（住んでいた地域からの追放）になった記録がある。徐々に罪が軽くなってきた。

一八四一年にはシカ殺しの犯人が捕まったものの、神鹿と山のシカの区別がつかなかったという主張を一部認めて過料（罰金）で済んでいる。ここで神鹿は保護するが、山のシカは捕獲してもよいという棲み分けが行われたことは注意を要する。

とはいえ、昔の記憶から「神鹿を殺したら死罪」のイメージは強く残っていた。よく知られるのは落語の「鹿政談」のエピソードである。

古典落語の一つだが、人情話に仕立てている。江戸時代中期には落語の演目になっていたらしい。

演者によってストーリーは若干変遷するが、基本は「奈良に住む実直な豆腐屋の老店主が、オカラを食う赤イヌを見かけたので薪を投げつけたら当たって死んでしまったが、よく見ると神鹿だった」という話だ。店主は逮捕され、神鹿を担当していた代官と興福寺の別当は処刑を主張する。しかし奉行はなんとか助けたいと店主と問答を繰り返したあげくに、シカの死体を見て「これはイヌだ」と言い出す……というものだ。

おそらく奈良の神鹿事情を聞き及んで作られた上方落語だったのだろうが、それを明治初期に、二代目禽語楼小さんが東京に移植したということだ。

とはいえ、奈良の町の住民にとっては、やはりシカは神鹿であり、何かと負担があったのは間違いない。住民はイヌを飼えなかったとか、イヌがシカを襲わないように番をしていたなどの逸話が伝わる。また興福寺は、定期的にイヌ狩りをしていたという。

家の前にシカが死んでいたら清め銭（処理費）を徴収されることから、早起きしてシカの死体を見つけたら隣の家の前に移動させる、するとその家の主人もまた別の家に移動させる……おかげで奈良の庶民はみんな早起きになった、という、これまた落語ネタになる話も伝わる。

シカを襲う動物は、主にイヌやオオカミである。一六八〇年に将軍は徳川綱吉となり、後に生類憐れみの令とまとめられる各種の動物保護のお触れが出される。これが神鹿にも関わった。イヌを守るか、シカを守るかという難題にぶち当たったからだ。

九二年には奈良奉行所がイヌを追うように命じている。そして町民にイヌを追い払う役目を設けた。神鹿のイヌ被害が深刻だったのだろう。やはり奈良はイヌよりシカなのだ。ただしイヌにも危害を加えてはならないので、イヌに餌や水を与えない、イヌに触らないで長棹で追い払う……と規制が厳しい。苦心したことだろう。

もっともシカ自体も町民に害をなすことが多かった。現在のナラシカと同じく、農作物の食害のほか、シカの角による人身事故は深刻だった。怪我人が続出したのである。そこで興福寺が暴れたシカを囲い込む場所を作るなど苦労しているが、その末に行われたのが、角切りである。

オスジカは春先から角を伸ばし始め、秋には立派な角を持つようになる。また秋の発情期になると気性が荒くなって、なにかと人に突っかかってくることがある。とがった角で突かれると、人も怪我をしかねない。またシカ角に当たって油ロウソクを取り落とすことも多かったと記録に残る。当時は夜道を歩くのに灯火を持ち歩いたが、それがシカの角にぶつかって落とされたのだろうか。

そうした事故を防ぐために奈良奉行所が考え出したのが、角切りだった。と言っても、シカに危害を加えたら重罪であるとされる中、角を切り落とすことはシカを傷めることにならないのかという議論が起きた。それに対して「シカの角は半年で伸び、冬には落とす。そして来春、また生えるものだ。それならば、自然に落ちるより少し早く切り落としてもかまわない」という理屈を考え出した。強い反対が出なかったところをみると、奈良奉行の権威や権限が強まっていたのだろう。

初めて行われたのは、一六七一年。奈良奉行・溝口豊前守が江戸より赴任し、この問題に取り組ん

秋の角切り行事は現在も続く人気イベント。（奈良県奈良公園室提供）

だ。この時期、奈良へ参る観光ブームが起きていたが、客がシカによって怪我をしたことを訴えたのが始まりという。そこで奉行が幕府の意向として興福寺の一乗院門跡にシカの角を切ることを申し出た。おそらく興福寺側は行いたくなかっただろうが、すでに奉行相手に強く拒否できなくなっていたのである。

そこで興福寺の東南隅に柵を巡らし、与力同心も出動して二五頭を捕らえた。するとシカ同士が互いに突き合って亡くなるシカが多く出たので、シカの扱いに馴れた興福寺の寺衆も入れて角を切った……と記録される（奉行所の『奈良叢記』）。その後も毎年役人が出張して角切りを続ける。

江戸中期の記録によると、一六七二年は一四五頭、七三年は一〇九頭……と角切りされたシカの数は推移して、九四年には一八〇頭まで増えている。その後も増減はあるが、だいたい一二〇～一七〇頭程度のシカの角を切り落としていた。

やがて、これが奈良名物となり見せ物となって観光客にも喜ばれるようになったのだ。現在は奈良の鹿愛護会が秋の行事の一環として鹿苑で催し見学者に開放しているが、このイベントには三〇〇年以上の歴史があるわけだ。

幕末に近い一八四六年から五年半、奈良奉行に着任したのは川路聖謨である。後にロシアやアメリカとの通商条約の締結に向けて交渉したことで知られる（明治維新時に、ピストル自殺したことでも有名）が、彼は詳細な日記を残しており、そこに奈良着任時に初めて見たシカについても記している。たとえば神鹿というから神聖な動物と思っていたが、街中にいて、人の手からオカラをもらって食べている、と驚いている。イヌより毛並みは劣り、イヌのような芸は持ち合わせない……と、さんざんな書きようだ。

そこにも角切りの記載がある。一年の行事としてお祭り同様のにぎやかさで、街中が楽しみにしている。金持ちは、シカの角を図案化した半纏を着ている鹿追い衆に金を包んで、自宅前や料亭前で角切りをさせて見学するのだという。その際は桟敷席を設けて酒も出したそうだ。町民にとっても楽しめるイベントとなった。

奉行所の門前でも行われた。紋付きの幕が張られて、矢来の囲いを結う。その中にあらかじめ捕まえてあった角の立派なオスジカを放ち、鹿追い衆が五、六人、輪っかをこしらえた太縄を持ってシカを押さえ込む。角に輪をかけ、背に乗り、脚を抱えて引き倒す。前後の脚を縄で縛って動けなくし、その間にノコギリで角を根元から切る、と子細に角切りの様子が記されている。それぞれに作法があり、相当な技とチームワークが必要だろうが、それを見学して楽しむのだろう。

またシカは鹿追い衆の半纏を見て逃げ出す、なかなか利口であるという記載もある。なお鹿追い衆は、普段はシカの世話をして、シカが畑を荒らしたなどの苦情の処理をしているという。その際は畑に囲いを作ってやるなどするそうだ。

そしてシカ殺し裁判も担当したことが触れられている。

事件は、角切りのために前もってオスジカを捕獲する際に起きたものだ。鹿追い衆が竹を交差させたところに網を張って作った叉手網をシカの角に被せて押さえつけ背に乗ったり目を隠したりして捕獲するのだが、たまたま縄を角にかけたまま逃げ出した。

街中を猛進したのだが、その先に幼子を連れた老人がいた。そこへ直三という百姓が飛び出して幼児を守り、シカの角に巻きついていた縄に手をかけて引っ張ったら、シカがもんどりうった、その際にシカは首を折り即死したのである。

川路は、なんとか直三を助けたいとシカ殺しの判決例を調べた。すると意外なことに厳罰は一度しかなかった。それも三代将軍の時代であった。そこで訴えを却下したそうである。その理由として、角切りというシカを傷つけるしきたりを許す中で誤ってシカの命を奪ったと言っても処罰はできない、とした。なにやら、この逸話も鹿政談のような人情話になりそうである。

なお一八二二年には、角切り用のシカが一五頭ほどしか捕まえられず、角切り行事の延期が進言された。それまでの一〇分の一以下になった理由ははっきりしないが、イヌがシカの天敵であることを考えると、市中に野犬や飼い犬が増えてシカを追い払ってしまったのかもしれない。イヌが増えたのも問題となっており、人がイヌに噛まれるなどの被害も多発している。そこでイヌを追い払う通達も出された。

奈良の町は、シカとイヌの問題に悩みつつ〝共生〟しようと汗をかいたのである。

## ナラシカをすき焼きにした知事

一八六八年、徳川の治世は終わりを告げた。明治維新である。

明治へと改元される直前の慶応四年五月一六日に春日大社の神司が、奈良の初代総督大納言の久我通久に「神鹿の出産期にはイヌを追って保護しなければならない」と嘆願している。九月の彼岸中日には、角切りが行われている。新時代もナラシカには何も変わらないかのように思えた。だが、すぐにナラシカに激動……というよりは受難の日々が押し寄せるのである。

まず廃仏毀釈運動が広がり、興福寺が廃寺となった。もともとは神仏分離令、つまり神道と仏教の分離が目的だったはずが、仏教勢力に対する反感が溜まっていたのだろうか、全国で激烈な廃仏運動が広がるのである。とくに奈良では激しかった。そこで数多くの仏像が廃棄され燃やされた。今は国宝の五重塔も売り払われようとしていた。買おうとした商人は、五重塔を燃やして金属を取り出し金を得る計画だったという。

一方で興福寺の寺僧は、みな春日大社の神官に文字どおり衣替えする。また上知令が発布されて寺領が没収された。興福寺も全国にあった所領を失うのである。奈良奉行所と興福寺という奈良の町を司った権力機構が消えたことで、ナラシカは神鹿と言えども保護されなくなってしまう。

少し明治維新時の奈良の動きを追うと、新政府は六八年一月二一日に奈良に大和鎮台を置いた（二月に大和鎮撫総督府と改名）。五月には奈良県となる。ただし、この時期はまだ奈良奉行所の管轄地と郡山藩など一〇地域の統合だった。廃藩置県が行われた七一年に一五の県が設けられ、それを統合する形で大和一円を治める奈良県が設置される。この統一奈良県の県令（知事に相当）を勤めたのが四条隆平《たかとし》である。知事もしくは県令としては四代目になる。

七二年一一月に県令として赴任した四条は、公家出身だが、強力な開化政策を推し進める。教育政策では学校の設立と就学を奨励し、洋学の導入や婦女子の入学を許可する一方、殖産興業策として若草山の山麓での乳牛の放牧と牛乳販売を企てている。その際に打ち出したのが神鹿の〝迷信打破〟だ。農作物を荒らしたシカは直に銃で撃つことを許可したのである。それどころか「シカは無用有害の獣なり」とまで言い切った。

そしてシカ狩りを敢行した。春日山で十数頭のシカを仕留め、それを春日野に大鍋を持ち出して、シカ肉のすき焼きにして食べて見せるのである。

また身体の大きなナラシカを捕らえさせ、県庁への出勤時に乗る馬車を引かせる真似もしたという。

ちゃんと引けたのかどうか……。ほかにも京都博覧会に「春日神鹿」として一〇頭のシカを輸送し出展した。庭園の景色とするためだというが、信長、秀吉と同じことを行ったわけだ。閉幕後、シカをどうしたのか記録はない。これらの所業は、シカを殺しても天罰がないことなどを示すためだったというが、なんとも乱暴というか、無茶苦茶である。

ただ、シカの捕獲を許可したので、地元の人々には喜ばれたという記録がある。農作物を荒らすことに加えて、シカ肉、シカ革はもちろん、毛は毛筆に、角で細工物、袋角《ふくろづの》（まだ血管が通っている伸び始めの角）は漢方の薬として高値で売れたからだろう。それに町民は、これまでナラシカ保護のための禁制に縛られ窮屈な思いをしてきた。保護には多大な労力、さらに金銭的な負担を強いられてきたから、解放感を味わったのかもしれない。

四条県令の暴策の極めつけは、神鹿牧畜場の建設だ。七三年四月に大鹿園を設置すると、そこに人足二〇〇人余りを動員してナラシカを追い込んだのだ。場所は春日参道の両側で、春日大社の境内の森を切り開いた。その材料とするスギ丸太は、春日山の裏手の芳山《ほやま》から伐り出したという。

この際に政府に上申した書によると、「……神域の内に牧畜場を開き柵門を建築し、これに花木を植えて一層の風景を増加せば京阪の間、遊歩の地となり且つ開墾播種の術も行われこくえきの一端とも相成り両全の儀と存候」とある。

シカを観光に利用する発想はあったようだが、まともにシカの飼育や生態を考えて行った施策ではない。

追い込んだシカの数は七〇〇頭余りにもなった。おそらく当時生息していたナラシカの大半になるだろう。柵内に入るのを嫌がって逃げようとしたシカは射殺されたという。

しかし半年あまりで、なんと三八頭まで激減してしまった。柵内に密集させればシカも暴れて傷つくだけでなく病気にもなる。イヌやオオカミが柵内に潜り込んで襲ったとも言われる。さらに閉じ込めたシカたちに十分な餌を与えたわけではなかった。ナラシカは飢えにも苦しんでバタバタと倒れていく。

幸いなことに四条県令は、この年の一一月二日に転勤になった。後を継いだ藤井千尋県令は、一転してナラシカの保護策を立てることになる。まず翌七四年二月に鹿園を春日大社に引き渡した。運営はそちらでやるように、という意味だろう。そこで春日大社は七五年に白鹿社という神鹿保護団体を結成する。三八頭になってしまったナラシカを保護……というより飼育したのである。

完全にナラシカを鹿園から出して解放したのは、さらに翌年の七六年となる。事故があったからとされるが、詳細はわからない。風雨のため柵が倒れて逃げ出したという新聞記事もある。ただ、少数になったシカを外に放てば、また野犬などに襲われるほか密猟の危険にもさらされ、さらに数を減らしかねない。再び柵を修理して囲い込んだという記述もあるが、どちらがナラシカのためになるのか難しい選択だったのではないか。

七八年に春日大社の本山茂任宮司は税所篤県令（この時期、奈良県は堺県と合併して堺県となっていた。ちなみに三年後、今度は大阪府に吸収されて奈良県も大阪府となる）にナラシカの保護策を願い出た。そこで神鹿殺傷禁止区域を定めるようになる。主に春日大社の境内とその周辺、今の奈良公園区域を指定したようだ。

ところで奈良公園は八〇年二月に設置された。きっかけは、七七年の一二月に民間の有志一四人が県に請願書を提出したことだった。内容は、荒れ放題になっていた興福寺周辺の土地を一〇年間無償で借り受けたうえで景観を整備して観光客の誘致に努める計画である。一四人は興立舎という組織を設立して寄付金を集め（県は認可したが、予算は付けなかった）、市内に案内所を設けて有料の名所旧跡案内人を置いた。廃仏毀釈で荒れた奈良市内の復興をめざしたのである。その際に興立舎の事務所となったのは、旧鹿園舎屋を興福寺境内に移設したものだったという。そうした民間人の努力を受けて、堺県はこの地を公園地にすることを内務省に上申し、晴れて奈良公園が誕生したのだった。

当然、奈良公園の景観の中にはナラシカも含まれる。保護策も復活した。幸い、解放されたナラシカは順調に増えたようである。

七九年に奈良を訪問したアメリカ人生物学者エドワード・モースの手記には、奈良の景色を「静かな道路、深い陰影、林の街路を歩き回る森のシカ」と記している。さらに八二年にも再訪して、「奈良ではシカが森から出てきて町々を歩き回る。私は手から餌を与えようとした」と書き留めた。

この時期にナラシカが何頭まで回復していたのかわからないが、人に対する恐怖心は消えて、今と同じく人に馴れていたようである。

一八八七年、ようやく奈良県が大阪府より分離・再設置され、奈良公園の整備も進んでいく。帝国奈良博物館（現在の奈良国立博物館の前身）も建設された。神鹿殺傷禁止区域の改定も幾度か行われたようだが、この際に農民たちが、神鹿放し飼い区域の縮小を願い出ている。早くもシカの食害が発生していたようである。それを示す神鹿喰荒被害地反別取調書もつくられた。

一方で、九一年に春日大社一の鳥居内で角切りが行われた。観光行事としての角切りだけでなく、やはりシカによって傷つけられる人が出たからだろう。

この年、奈良町長の橋井善二郎ら有志二八名による「春日神鹿保護会」が結成された。七月一八日のことである。町民が神鹿を守るための活動を始めたのだ。農民との意識の違いがうかがえる。

九二年には、ナラシカを夜間のみ収容する鹿園が再び建設されている。春日参道北の春日山原始林の「北山」の地で、約三六〇〇坪あったという。木柵で囲んで出入り口は三カ所あったそうだ。四条県令時代のような閉じ込めるための野蛮な鹿園ではなく、夜間にシカがイヌなどに襲われぬよう園に入れて保護するためだった。ここで保護会が、ラッパを合図にシカを集めて餌を与える鹿寄せ行事などを催したそうである。これもシカ害を起こさない工夫らしい。餌は野菜を購入して与えたとある。また奈良公園内一五カ所に禁猟札を立てるなどの活動も行っている。

九七年から春日大社境内の現在の萬葉植物園のあるところに石柵による鹿園も建設し始め、一九〇三年に完成させた。こうした策のおかげでナラシカは順調に数を増やしていたようだ。また途切れがちだった角切り行事も、寧楽会という組織が復活させた。これは後に奈良市井上町有志で行うことになる。

興味深いのは、奈良県知事の折原巳一郎が、一三年に次のような命令を発布していることだ。

「官幣大社春日神社ノ承認ヲ経タル飼料品ニアラザレバ同社神鹿ニ之ヲ供与スルコトヲ得ス　前項ノ違反者ニ対シテハ其ノ供与ノ停止若クハ物品ノ廃棄ヲ命スルコトアルヘシ」

春日大社の承認を得た飼料品とは鹿せんべいに当たると想像できる。鹿せんべいの販売に県が介入していると同時に、事実上、県が神鹿保護会の活動を認め支援することを示している。

明治時代は、ナラシカにとって、まさに激動の時代であった。神鹿信仰を迷信だとされて追われ狩られ、絶滅の危機さえあったが、再び保護に舵は切られた。大正時代に入った頃からようやく落ち着いたかのように感じる。だが、これで平穏になったわけではなかった。

## 春日大社と神鹿譲渡事件

三八頭まで減ったナラシカの数が順調に回復し、保護策も取られるようになると、観光にも一役買うようになる。しかし増えたナラシカは、またもや問題を起こし始めた。案の定、シカによる食害が頻発しだしたのだ。その補償問題が何かと複雑になってくる。

一九一八年に、春日大社が申請した神鹿飼養場の設置が認可される一方、田畑を荒らされた農民との争議も頻発したため、県庁でシカ害対策会議が開かれた記録がある。そして近隣の農作物を荒らすシカ七六頭が捕らえられていたが、補償をすることで解放された、という。関係者は非常な苦労をしていたことは間違いない。

角切り行事についても議論されている。一九二四年、鈴木信太郎知事は角切り行事を残酷だからと禁止した。しかし数年後、また再開する。シカの角による怪我人が多く出たからだ。江戸時代に悩みつつも人とシカの共生のために実行した食害対策や角切りなどを、再び繰り返している感がある。

そんな最中、春日大社の神鹿譲渡事件が発覚した。

一九年、静岡県の三島神社（現在は三嶋大社）から神鹿一五頭を貸与してほしい旨の照会があったのだ。三島呉服木綿商組合が、町の発展のために企画したという。春日大社と交渉の末、金二五円を幣帛料として春日大社に納めることで妥結した。なお貸与と言っても、実質は譲渡である。

春日大社側は、春日神鹿保護会の評議員にも諮ったという。当時はナラシカに与える餌代にも苦慮していたので、大半が異議なしだった。ただ一部に奈良固有の神鹿を外に出すのはけしからん、「絶対不可なり」と訴えた委員もいたようだ。しかし、決議によって許可することになったのである。

一五頭の移送の手続きを進めている中で、この事実を知った石崎勝造と丸尾万治郎、上林安二郎らが猛烈に抗議するようになる。彼らは私財を投じて神鹿保護に取り組んでいたメンバーである。「愛鹿家」という肩書を持っていたほどだ。

春日大社に押しかけた丸尾は、保護会の評議員を前に「一頭たりとも他所へ移出すべからず」と力説した。もし移送するのならば、この白髪爺の生命を賭しても止める、防止運動を試みると訴えた。そして宮司や市長、公園主事などに直談判するに及んだ。

この一件を審議する中で、すでに前年には高知県へ数頭移出していることがわかった。高知で繁殖を図ったがうまくいかずに送り返されたという。

反対派は市民の世論を喚起するため、五日間にわたって各町内を巡回し至るところで路上演説を行うための届け出を警察署に出すと春日大社側に通告する。

神鹿譲渡反対に賛同する有志が増える中、一五頭のナラシカの輸送の手筈は整いつつあった。保護会は一度決定したことであるから今回は仕方ないが「将来は一頭たりとも他に譲らず」という条件で認めるとした。第一陣として八頭が送られることになり、木製の檻箱に一頭ずつナラシカを入れ奈良駅へ運ばれた。

そのことを聞きつけて、丸尾は車を飛ばして春日大社に駆けつけた。そして、これほど頼んでも貸与するというのなら、ここで割腹すると、まず春日大社を伏し拝んでから、懐中より鞘から五寸余の短刀の抜き放った。居合わせた神官ならびに静岡より来ていた二人の三島神社の使者があわてて止めに入り、なんとか治めたという。そして三島に送るのは八頭だけとして残り七頭は取りやめになった。このとき、丸尾は七三歳。シカを入れた檻に噛みついたという報道もある。

この丸尾万治郎は、「愛鹿家」を超える「鹿奇人」との〝尊称〟もある名物人であった。この事件の前には、斃死した神鹿の追悼供養も主催している。春日大社境内の第一神鹿飼養所において、神式の祭典と仏式の法要を営んだのだ。さらに鹿寄せも行っている。こちらはラッパを吹いてナラシカを集める行事だが、それを大々的に行った。水菜二〇〇貫、イモ一〇〇貫、餅、せんべいなどを三台の荷車に山と積み、猿沢池を起点に大鳥居をくぐって本殿参拝、若草山の麓へと進んだ。この間、ラッパで約二〇〇頭余の神鹿を集め餌を与え続けたという。当然、見学の人も多く集まり大層なにぎわいだった。新聞記事には「鹿の園遊会の如き感」と記されている。

ところで三島神社に移送されたナラシカ、名目は「貸与」だった八頭がその後どうなったのかはわからない。しかし、現在の三嶋大社には神鹿園が設けられて多くのシカが飼われている。移送された八頭の子孫だろうか。

だが、これで事件は終わらなかった。また神鹿譲渡の話が持ち上がったのだ。

二五年、「神鹿を檻に入れている」という通報があって奈良県警の署員が駆けつけると、一二頭（オス一〇頭、メス二頭）を大阪市の貿易商大野常七氏に譲渡することがわかった。

大野氏が、春日大社に宝物館建設の財源として三〇〇〇円を寄付した見返りだという。実質、ナラシカの売却である。

これは一九年の神鹿譲渡事件の際に丸尾翁が命を懸けて「以後、神鹿を一頭も他に出さない」と大社側と結んだ約束を反故にする行為だ。

すでに丸尾翁は亡くなっていたが、子息の平次郎と上林安二郎市会議員が調査したところ、和歌山県紀三井寺村の山林に、鹿児島産のシカ約一〇〇頭とともにナラシカ一二頭がいるのを突き止めた。このナラシカは、大野氏の要請に県の公園課長が県に出願して、許可を取って売却したものとわかる。両人は知事に面会して、この問題を陳情した。

しかし春日大社側も、宝物館の建設費が必要であり、そのために五〇〇〇円以上の寄付をしたら神鹿を分譲すると通知済みだと主張した。害をなすシカを処分して財産を増す方法であり、もし妨害するのなら提訴すると開き直る有り様だ。ここで大社は、神鹿とされるシカは自らの所有物であると宣言し、処分も可能という判断を下したわけである。知事も「神鹿は神社の所有であり、売却は勝手であって（県は）干渉できない」と返事したという。

ここで春日大社が神鹿を「所有物」としたことは後に大きな影響がある。

ちなみに宝物館の建設には九万円かかるとされていた。そこで町民有志は、大野氏の寄付額に当たる三〇〇〇円を提供する決断をした。そして、今後は神鹿処分をする場合は神社と有志双方で協定を結ぶことを誓約して覚書きを交換した。

また奈良市議会でも、神鹿問題の建議書が上程された。「春日大社が所有権を主張し、勝手気ままに譲渡したり、神鹿に対して害鹿の汚名を附して物品同様に取り扱うのは嘆かわしい」と市議会の決議をもって監督官庁に神鹿愛護の方法を交渉すべしという内容だ。これは満場一致で決議された。

さらに市民による愛鹿会が奈良公園の興福寺南大門跡で市民大会を主催した。一〇月二五日の午後六時からとあるが、すでに暗くなっている時間帯だろう。しかし数千人の市民が集結し、七人の実行委員を選出、春日大社側と会見することになる。

内容は、神鹿処分をはなはだ不穏当と認め、反省を促す、そして（この売却を主導した）宮司の森口奈良吉の行動を神威を汚す者として弾劾する、というものであった。

なかなか強烈な決議である。かつて春日大社と興福寺は奈良の庶民にとって恐ろしい存在であったはずが、すっかり逆転していた。

歴史的に見ると、ナラシカを保護してきたのは春日大社および興福寺であり、奈良奉行所であった。ところが明治以降は、行政組織がシカを追いやったり閉じ込めたり、春日大社側がシカを譲渡処分するなどしている。そこに奈良町民有志が立ち上がって神鹿保護を大きく訴えるのである。

春日大社側にしてみれば、農作物被害の補償や囲い込んだシカの飼料代など、ナラシカはお荷物になってきたのかもしれない。一方で、これまで町民は神鹿保護を押しつけられて迷惑に感じていたはずなのに、熱烈な愛鹿意識が勃興してくるのだ。やはり奈良の町民にとってナラシカは身近な存在であり、鹿曼陀羅信仰も相まって見て見ぬふりはできなかったのだろうか。

その後も、揉め事は断続的に続く。ただ神鹿保護の体制も整いつつあった。

春日大社は宮内省から離宮用の御料地を借り受けていたが、離宮造営が沙汰止みになり、一二五年に政府が神鹿飼養場の増設地として春日大社に払い下げたのである。その土地を、飛火野と改称する。当時は鬱蒼たる木立に覆われていた、とされるから春日大社境内の森の延長だったのだろう。現在は春日大社の森に接した草原でもっともナラシカの姿が見られ、鹿寄せなども行われる土地なのだが、それが誕生してから、まだ一〇〇年経たないのだ。

なお飛火野の地名は古今和歌集にも登場するように昔からあるが、肝心の場所は時代とともに変遷している。

一九二六年のナラシカの頭数調査では、石柵に五三五頭、木柵に一〇九頭、その他三九頭の合計六六九頭となっている。この時期、ある程度ナラシカは囲い込まれて管理されていたことがわかる。

一方、シカの害の報告も多い。先に春日大社が神鹿は所有物としたため、農作物を荒らしたシカの処分や補償も大社側で行うべきという議論も起きてきた。また観光客の弁当屑を食べるようになって、なかには魚を食うシカも出てきたという記事もある。現在のナラシカが菓子や残飯を食べることが問題になっているのと同じ光景が、大正年間にも起きていたようだ。

さらに春日大社が角切りを取りやめた時期があったり、久保田源一なる人物がシカの角に腹部を突き刺されて危篤に陥った事件もあった（この人物の後の生死は不明）。昭和に入ると、二八年に神鹿が一〇〇頭余り撲殺される事件も起きた。これで二〇余名が逮捕されているが、この事件の詳細はわからない。何のためにやったのか……。

一方で角切りの再開も伝えられる。これまで断続的な実施だったものを、年中行事として場所を決めて行うようになった。さらに二九年、神鹿保護会が大鹿苑を建設している。これは翌年の式年造替（春日大社が行う二〇年に一度の本殿建替）の際に移築したが、現在の鹿苑の施設である。神鹿保護会も財団法人化された。

昭和に入ると、世相は徐々にきな臭くなってきていた。三一年に満州事変、三二年に第一次上海事変が勃発。満州国が〝建国〟される一方、それが後の日中全面戦争、そして太平洋戦争へつながっていく。一方、国内では三二年に五・一五事件が起きた。

戦火が広がる中、ナラシカに関しても戦時の臭いが漂いだした。奈良の観光客も伸びなくなり、華やかな催しも行いづらくなった。奈良の春を迎える行事とされる若草山の山焼きは、紀元節（現在の建国記念日）に行うようになった。

三三年には満州に駐留を続ける関東軍が、白鹿を奉納した記録がある。中国のシカで子ウシほどの大きさだったというからニホンジカとは種が違うのだろう。萬葉植物園内で飼われていたが、三九年頃に死んだそうである。

そんな中でもナラシカは、春日大社や行政に加えて市民が参加して保護の体制を整えつつ、角切りや鹿寄せなど観光に結びついた行事も行われ、そして周辺農家との軋轢などさまざまな問題を抱えながらも奈良の町に存在し続けたのである。

# 第4章　シカが獣害の主役になるまで

## シカの増え方は〝シカ算〟

これまでナラシカの現在と歴史的な経緯を記してきたが、あらためて振り返ると、ナラシカは宗教的な理由で保護される一方で、常に人との間に揉め事を引き起こしていた。その大きな理由はシカの食害であることは言うまでもない。ナラシカを保護すればするほど数が増え、その一部が農地を荒らす。そこで本章では少しナラシカと距離を置き、日本のシカそのものについて考えたい。そして昨今課題となっている獣害問題についても考察してみよう。

シカ（ニホンジカ）は、どんな動物なのだろうか。

学名は、*Cervus nippon*。哺乳綱偶蹄目シカ科シカ属に分類される。原産は日本のほか中国からロシアまでを含む東アジア一帯だが、ベトナムや朝鮮半島では絶滅したようだ。ただ世界各国に移入されて飼育されたり野生化したりしている。その点では珍しい動物ではない。

一二の亜種に分類される（異論あり）が、日本ではホンシュウジカ（本州）とエゾシカ（北海道）のほか、キュウシュウシカ（九州と四国）、ヤクシカ（屋久島）、ケラマジカ（慶良間諸島）、マゲジカ（馬毛島）、ツシマジカ（対馬）と分けられている。ナラシカはホンシュウジカに属し、生物学的には何ら違いはない。なお日本列島には、ほかに移入種のタイワンジカ（ニホンジカの亜種）やキョン（ホエジカの一種）などのシカ類が野生化している。

ここではホンシュウジカを中心に見ていく。体長・体重は、成獣のオスが九〇～一九〇センチで五〇～一三〇キログラム、メスは九〇～一五〇センチで二五～八〇キログラムとされている。もっとも地理的な変異が大きく、また季節や栄養状態も影響するからあまり参考にならないだろう。離島のシカは概して小さい。またナラシカも、多くが体重三〇キログラム程度と少し小ぶりだ。

基本的に草原性の動物とされるが、棲息地は完全に森林から離れることはなく、森林の周辺や森林内に草地が点在する環境を好む。多くは夜を林内で過ごし、昼間は餌を求めて草原など開けたところに出てくる。人が多いところでは夜行性となり、夜に人家や農地近くに出没する例が多いと報告されている。この場合は日中を森の中で過ごし、主に早朝や夕方に活動するようだ。ただしナラシカは正反対。日中は森から出て草地や市街地に足を運ぶようになった。

毛色も地域によって差があるが、夏は地の色が茶色から茶褐色、赤褐色、黄褐色などで、そこに白斑が散在している。ただ冬になると灰褐色に変わり白斑も消えてしまう。吉兆扱いされる白鹿もいるが、メラニン色素欠損症（アルビノ）というわけではなく、白変種のようだ。

ただ成長とともに茶色に染まっていく例も多いうえ、白鹿は目立つだけにシカの仲間からも疎んじられたり、また天敵からも狙われやすく、長生きしにくいようだ。逆に言えば珍しいゆえに白鹿は吉兆とされ神鹿扱いされたのだろう。

角を持つのはオスだけだが、角は毎年春先から伸びだす。最初は表面を皮膚に覆われた状態の角で、触ると柔らかく温かい。血管が通っているのだ。これを袋角と呼ぶが、やがて硬い角質の角となり夏に向けて伸びていく。年齢を重ねるとともに枝分かれする数を増やし、三、四年生のオスジカは立派な三枝から四枝の角となる。角の先は硬くとがってくる。角が完成するのは繁殖期を迎える九月頃であり、やはり角はメスを得るためのアイテムである。この時期は気性も荒くなっているので要注意だ。

普段はオスとメスは別々の群れをつくる。メスの群れには子ジカも含まれるが、成獣となったオスジカは、その群れから離れてオスだけの群れに入る。ただ単独で生活するものも見られる。そもそもオス・メスともに明確な縄張りを持たないし、群れの構成個体も決まっていないようだ。出入り自由でリーダーもいない、緩やかな集団なのだろう。

そして繁殖期（秋）にオスがメスの行動圏に接近し、オス同士が競いながらメスを追いかける。角をガチガチぶつけながら争う光景が見られるのはこの時期だ。

ちなみにこの時期のオスジカは、餌をほとんど取らないそうだ。強いオスジカは複数のメスを囲い込んでハーレムをつくり、多くのメスジカと交尾し子孫を残す。逆に弱いオスジカは交尾相手を得ることができず群れを去るようだ。じつは、この生態がシカの頭数制限の難しさにも関わってくる。

行動範囲は、餌（植物）の豊富な春〜夏は狭い範囲で行動するが、秋〜冬は広く遊動する。平均すると一日に五キロ四方は移動するようだ。なにしろ小ぶりなメスジカでも一日に五キログラム以上の植物を食べるとされる。五キロ分の草というと、結構な量だ。オスジカは体格に合わせてさらに大食漢だ。常に餌を求めて移動していると言ってもよいほどだろう。

オスの中には遠く数十キロ先まで〝遠征〟することもあるようだ。それが餌を求めて新天地に旅立ったのか、迷ってしまったのかはわからない。

戦争直後の時期に大阪都心部の御堂筋でオスジカが捕まったことがある。角を人為的に切った跡があったので、これはナラシカだろうということになった。奈良公園からどのようなルートをたどったか謎だが、直線距離で三〇キロを優に超す。実際は山伝いに行ったとすると五〇キロ以上に達した可能性がある。大移動であったことは間違いない。

最近では、京都府木津川市のＪＲ加茂駅にシカが数十頭も集まったことが報告されている。その中に角切りされたシカがいたので、ナラシカに間違いなさそうである。奈良市の北隣とはいえ、奈良公園からはかなり離れており、山を越え川を渡っていったことになる。どうやら散歩（遊動）というよりは、群れごと放浪の旅に出るシカもいるようだ。

さて問題となるのが食性だ。草の葉や茎、実、そして樹木の葉、実などを採食するが、植物の種類では一〇〇〇種を超えるという。さらに餌の乏しくなる冬季には樹皮や落ち葉、キノコなども食べる。

たとえば農産物でも、葉もの野菜はもちろんだが、果実に加えてシイタケやマツタケなど菌類も大好物だ。もはやセルロースなら何でも食べると言ってもよいのではないか。

ただ臭いがきついものは食べない。アセビやシキミなどは、どちらも独特の香りがするうえ、有毒だ。葉は殺虫成分を含む。だから奈良公園でもアセビがやたら目立つ。ほかにも春日山原始林でナギの木が目立つのも、ナラシカはナギを好まないからだ。また移入種のナンキンハゼも食べない。もっとも、これも時と場合によるようだ。ナギやアセビでも食べた例があるからだ。ほかに食べる草木がなくなったのだろう。毒も臭いも少量なら気にしないのかもしれない。ちなみにトウガラシのようなスパイス系植物も忌避するというが、ワサビの葉は食べるという。シダは食べないようだ。

なお完全な草食性と言い切ってよいのか疑問もある。たまに昆虫を食べた報告もあるからだ。また外国の例だが、シカが小鳥を食べたケースもある。口元に近づいた小鳥にかぶりついたのだ。ちゃんと動画で残されているし、腐乱死体の骨をかじっていた映像も公表されている。事例としては例外的な行為だろうが、シカは植物しか食べない、食べられないと決めつけられず、わりと食性は広いのだろう。そういえば、ごみ箱あさりをしたシカが、弁当の残りの鶏のから揚げを食べていた話を聞いたことがある。

秋の交尾で妊娠したシカは、翌年の春から初夏にかけて出産する。妊娠期間は約二四〇日。産むのはたいてい一頭。多産ではない。初産齢は生後一六カ月、つまり一歳で発情する。そして二歳以上のメスジカの九割が妊娠するそうだ。これも条件によるのだろうが、栄養状態が良ければ出産年齢も早まる傾向がある。

ネズミやイノシシなどは、一度の出産で五〜一〇匹も産む。だから「ネズミ算」という言葉もあるように生息数が爆発的に増えるのだ。しかしシカは一頭。ならばそんなに増えないように思えるのだが、そうとも言えない。なぜならシカは毎年出産が可能だからだ。そして寿命はオスが一〇〜一二年、メスが一五〜二〇年程度だとされる。栄養状態によって延びる。寿命が数年のネズミとは違うのだ。

一頭のメスが二年目から毎年子を産むというのは何を意味するか。二〇年生きる場合、単純計算では一八頭の子どもを産むことになる。産んだ子どものうち半分がメスと仮定すると九頭が二年目から子どもを産む。その孫シカの半分が二年経つとまた子どもを産む。親シカ、祖母シカも産み続ける。シカは、自分の子、孫、曾孫、玄孫《やしゃご》……が同世代の子どもを産むのである。一頭の寿命が尽きるまでに子孫は何頭になるか計算していただきたい。いわば複利計算だ。もちろんすべてのシカが二歳から毎年出産するわけではないが、繁殖力は決して小さくない。

実際の観察では、年間増加率は一五〜二〇％に達し、四〜五年で個体数が倍増する計算になる。いわば「シカ算」が存在する。

## シカは飼育しやすい性格？

シカの性格と飼育の可能性について考えてみたい。ナラシカを「放し飼いしている」と思い込んでいる人が少なくないことはすでに触れたが、完全な野生動物と人に馴れたナラシカの差を考えてみると、シカの飼育も気になるからである。そしてそれは、シカという動物の性格を考える際の比較例にもなると思えるのである。

動物のなかには、飼育に向く動物と向かない動物がある。それは家畜や愛玩動物になりうるか、という分かれ目でもあるだろう。ウシやウマ、ブタ（イノシシ）、ヒツジ、ヤギは世界の五大家畜と言われる。加えてラクダやスイギュウ、ロバ、アルパカ、そしてトナカイなども家畜化されてきた。それにイヌとネコなどペットになる種が飼育しやすい動物と言えるだろう。さらに家禽としてニワトリやアヒルなどがいる。

飼育できるかどうかを決めるもっとも重要な条件は、人に馴れる性格かどうかだ。まずおとなしい性格の動物でなければ難しい。人に馴れて、移動や食事などの行動をコントロールしやすくなることで家畜になっていく。警戒心が強く、人の干渉を嫌う動物は家畜にならない。たとえばウマは家畜になったが、シマウマはならない。シマウマは非常に気性が荒いのである。またネコは人間の友となったが、同じネコ科のライオンやトラは怖くて近づけない。人に馴れることは、人にとっては「可愛い」という感情を引き起こす。これは愛玩動物化につながるのだろう。

次に餌が比較的簡単に得られること。飼育というのは、餌を与えることとほとんど同義だ。ユーカリの葉しか食べないコアラは、飼育が難しい。アリばかり大量に食べるアリクイの飼育も難儀だろう。だがウシやウマ、ヒツジ、ヤギなどの家畜は、植物ならたいてい何でも食べる。ブタ（イノシシ）は雑食だが、多くはドングリや木の根など植物食である。穀物も喜んで食べる。イヌやネコは肉食性とはいえ、実際は人間の残飯も食べる事実上の雑食性である。

さらに繁殖が簡単で、数を増やしやすいことも家畜化の条件になるだろう。常に野生の個体を捕獲して馴化するのではなく、飼育下で繁殖させて数を増やしつつ世代交代を行えなければ効率が悪い。

そして家畜化の前提として、その動物が人間の役に立つ面があることが絶対的条件となる。役に立たない動物を馴らして餌を与える必然性がないからだ。たとえば肉が多く取れてうまい、十分な量の乳を得られる、毛もしくは皮革が有用である、農耕に利用できる、ニワトリのように卵が採れることも大切だ。一方でイヌは狩猟時に補助者として役立つ。ネコは人間が保存した食糧を荒らすネズミなどを獲ってくれることだろう。そうした有用さから飼育するようになり、やがて愛玩動物にも変化していった。

さて、こうした家畜化、もしくは愛玩動物化の条件とシカの性格を照らし合わせると、ほとんどの点でシカは合格ではないか。

野生のシカが人と遭遇したらどういう行動を取るか。私の経験では、山奥の林道を車で走っていたら前方にシカの群れを見つけたので車を止めてゆっくり歩いて近づいたが、シカは立ち止まったまま、こちらをじっと見つめていた。当然、私もじっとシカを観察する。なにやら見つめ合うような状況になり、お互いの動向をうかがっていた。最終的にシカたちは林道から外れて茂みに消えていったが、ギリギリまで距離を縮めていけた。意外なことに、すぐには逃げなかったのである。シカすべてがそうした反応をするとは言えないが、必ずしも人を見かけたら即座に逃げるわけではなさそうだ。

どうやら人を必ずしも危険な存在として見ていないようである。正確に言えば、（人が）危害を加える存在かどうかを確認する習性があるのかもしれない。安全と判断したら、その存在を無視して行動する。人が急に動いたり近づこうとすると逃げ出すが、間合いを見計らいつつ動くことが多いように思う。

シカは、人間だけではなく背中にカラスが止まっても平然としているが、他種でも危険を感じない相手に対しては鷹揚に構えるようだ。もちろんイヌ（かつてはオオカミ）など捕食動物に対してはかなり機敏に警戒するのだが。

食性は、植物なら何でも食べる。草も樹木も食べる。草も丈の高いものから地面にへばりついたシバまであまり選ばない。ササであろうと平気だ。餌の確保にそれほど苦労しないだろう。牧草を育てるという手もあるし、干し草や草のペレットも可能となると、飼育時にあまり困らないはずだ。もっとも「何でも食べる」食欲が獣害となるわけだが……。

繁殖もしやすい。毎年出産して〝シカ算〟で増えるだけでなく、基本的に出産補助も必要としないし産まれた子ジカはすぐに自分で立ち上がって生活を送れる。

そして肉、毛皮、角と有用な資源も多い。角は工芸用と薬用の両方がある。そして可愛いという要素もある。いずれもシカは合格だ。どう見ても家畜化に向いている。

実際に、海外には養鹿牧場が普通にある。西欧ではアカシカが狩猟の対象であると同時に飼育されている。またロシアや北欧では、トナカイやダマシカが粗放な形で飼育されてきた。さらにカナダではヘラジカ、オーストラリアやニュージーランドでも持ち込まれた各種のシカを牧場で育てている。アジアでは中国もシカの飼育の歴史が長い。いくつかの野生種を馴化して大規模な牧場をつくっている。梅花鹿や四不象といった種のほか、アカシカやニホンジカも導入しているようである。ほか台湾、韓国にもシカ牧場はある。

ただ欧米では主に肉を取るための牧場だが、中国などでは鹿茸《ろくじょう》（袋角）を取って漢方薬の材料にするのが主たる目的だ。

じつは日本でもシカを飼育することが流行した時代がある。一九九〇年代に北海道や東北、南九州で始まった。ほとんどは一〇〇頭以下で、対象はニホンジカだったが、一部でアカシカや梅花鹿なども導入された。しかし外来種のシカが逃げ出すとニホンジカと交雑する恐れがあり、問題となり消えていった。また経営主体には市町村も多くて、どうやら観光目的の動物園的な感覚でもあったのかもしれない。

ちなみに一九八七年にシカは特用家畜に指定された。九六年には家畜伝染病の対象家畜に指定され、二〇〇三年に家畜飼料安全法の改正でシカも家畜として扱われることになった。つまり日本でもシカは家畜と認められ、シカ牧場の建設が流行った時期があったのである。

しかし実際の経営は、いずれも赤字であり、補助金で維持していたレベルだった。まだ十分に需要と結びついていなかったのだ。そこにＢＳＥ、いわゆる狂牛病が発生した。二〇〇一年のことである。そのため肉の買い控えが起きると同時にシカ飼育の補助金が大幅カットされ、この時期に日本の養鹿産業は壊滅してしまったのである。

現在、日本には一カ所だけ長崎に一〇〇〇頭規模でシカを飼育し、鹿茸と肉と皮革を商品化するシカ牧場があるが、例外的な経営の成功例と言えるだろう。

本当にシカを資源として扱えたら養鹿産業はもっと早くから自立できたはずである。そもそも日本人が古代よりつきあいのあったシカの飼育を近年まで試さなかったのは、何らかの理由があるのだろうか。

まず有用と言っても役割としては小さかったのかもしれない。農耕に使うならウシのほうが力が強く、人が乗ったり荷物を運ばせたりするならウマだ。肉はあまり求めなかったし、シカから取れる肉の量は少ない。皮革も牛皮が一般的で、鹿革の需要は狩りで獲る分で十分需要に対応できた。毛が短いので防寒用には向かないだろう。またニホンジカは外国産のシカに比べると小さめで皮革も小さくなる。

加えて「可愛さ」を考えてみると、シカの顔にはイヌやネコほどの豊かな表情はない。どちらかというと無表情に近い。馴れたネコが身体をすり寄せてくるようなしぐさもない。毛がモコモコしているわけではなく、人に懐くわけでもない。私の感覚では、シカはイヌやネコよりもウサギに近い。昔ウサギを飼っていたことがあるが、触っても嫌がらないものの、自分から寄ってくることは少ない。ペットとしての魅力は弱いかもしれない。

もう一点付け加えるならば、発情期のオスと妊娠中、出産直後の子ジカと一緒のメスは、かなり気性が荒くなる。飼育に手間がかかり、有用性がイマイチなら家畜化する必然性はなかったのかもしれない。

ただシカは人に馴れやすい性格であることは間違いなさそうだ。果たしてそれが人間と接触する中で吉と出るか凶と出るか。

## 昔から大変だった獣害

今やシカというと獣害を連想されるようになった。獣害とは、基本的に野生鳥獣が人間に対して何らかの損害行為を与えることで発生する。人体に危害を加える例もあるが、一般的には農作物や植林された樹木を食べたり樹皮を剝く被害を引き起こすことが多い。それによって人が農林産物の収入を得られなくなるのである。

獣害の主役は、少し前までイノシシだったのだが、近年はシカに交代したようだ。推定生息数もシカのほうが多くなった（シカの生息数はイノシシの約三倍以上とされる）。

農林業被害額は膨れ上がっており、ピークは二〇一〇年の二三九億円である。肝心の農林作物を荒らす動物は、イノシシやサル、カラスなどの鳥類もいるものの、もっとも多いのがシカで、ざっと全体の三分の一を占める。

もっとも実態はそんなものではない、という声も強い。そもそも被害額の算定は、それを農協や自治体などに届け出ないと顕在化しない。それにシカは、農家の作物だけでなく家庭菜園や個人宅の庭木や花壇の草木も食べる。それらの多くは泣き寝入りになるだろう。また植えた苗を食べられたり樹皮を剝がれたりする林業被害もすぐに気づけず（林業地は広く、人が訪れるのはまれ）表に出づらい。本当の被害額は約五倍、一〇〇〇億円を超すのではないかという声もある。なお天然林の植生に与えるインパクトも被害額として計算しづらいが、結構深刻である。

たしかに近年、獣害は広がるばかりだ。中山間地に行くと稲穂が踏み荒らされた田んぼをよく見かけるし、庭の花木を食べられた、庭につくった家庭菜園のキャベツがかじられたと聞いたこともある。また下草がまったくない人工林がある。最初、人がていねいに刈ったのかと思ったが、シカのせいだった。おかげで山間部では、農林産物の収穫が奪われ生活を営めなくなる。それが離村者の増加も招いている。被害を防ぐための防護柵が集落全体を囲った光景も目にするが、もはや住民が檻の中にいるような有り様だ。

ところで獣害問題がクローズアップされる中、ちょっと気になるのは「獣害」が現代になって初めて発生したかのような声があることだ。そして獣害問題の裏には、現代日本の自然界や人間社会の変調に原因がある……とする論が述べられる。

本当にそうだろうか。かつて野生動物と人間は、うまくバランスを取っていたのが、現代社会になってから崩れたのだろうか。

そこで、少し歴史的な視点で調べてみた。

たしかに現在の農作物に対する獣害（主にイノシシやシカによるもの）が指摘されるようになった

のは、一九八〇年代以降のようだ。それ以前にも林業における植林地のニホンカモシカによる食害などは問題になっていたのだが、まだ奥山に限られていた。たまに農作物を食べられても、農家の我慢の範囲内で収まっていた。広く農村集落に野生動物が出没して被害を出すようになったのは三〇～四〇年前からである。

しかし時代をさらにさかのぼり、江戸時代の様子をうかがうと今以上に獣害が苛烈をきわめていた事実が浮かび上がる。

武井弘一琉球大学准教授の『鉄砲を手放さなかった百姓たち』（朝日選書）によると、江戸時代は武士より農民のほうが多くの鉄砲を持っていたそうだが、その理由は獣害対策であった。多くの古文書から実例を挙げているが、田畑の六割を荒らされたとか、年貢の支払いができなくなったから大幅に減免してもらった記録もあるという。だから、藩や代官に鉄砲の使用を願い出て駆除に当たっていたのである。

考えてみれば中世から江戸時代でも、ナラシカの食害は大問題だった。奈良近郊の農家はナラシカが田畑を荒らすことに苦しんでいたが、駆除ができなかったからである。追い払っても、その過程でナラシカを傷つけたら人のほうが罰せられた時代もあった。奈良も、古くから獣害被害に苦しんできたのである。

だから明治になって、四条県令がナラシカを駆除対象にした際に喜んだ農民も少なくなかった。昔は人と野生動物が共生していた、わけでは決してないのだ。

シカの分布の変遷を調べると、縄文時代には東北でも多くのシカがいたようだ。貝塚からシカの骨が大量に発見されている。ところが江戸時代の後期に入ると、急に減り始める。その背景に、大規模なシカ狩りを実施した記録が各地にある。一七二二年に男鹿半島で秋田藩上げての狩りを実施して二万七一〇〇頭のシカを獲ったとされる。これも獣害対策の一環だろう。その後も狩りは続き、シカは男鹿半島では絶滅したらしい（近年、再び出没している）。同じくイノシシも獣害対策として東北各地で大規模な駆除を実施した記録がある。

さらに資料を探っていると、トキを害鳥として鉄砲で追い払った記録も出てきた。トキといえば、今でこそ特別天然記念物であり、一度は日本列島から絶滅したものを中国から同種を移入して繁殖させ復活をめざしている。数は増えてきたが、絶滅危惧種の指定からは当分外れないだろう。

かつてトキは日本中にいたとされ、学名がニッポニア・ニッポン（*Nipponia nippon*）であることも合わせて日本の代表的な鳥とされた。

ところがトキが日本中に広がったのは、江戸時代初期だという。それも人為的に各所に移植されたようなのだ。それまで全国に生息していたわけではない。その羽が矢羽根などに珍重されたおかげで武士が求めたことが理由のようだ。しかし、移入は農村に騒動を引き起こす。

たとえば加賀藩が近江の国から一〇〇羽のトキを移入したところ、数十年後には増えすぎて稲を踏み荒らすため駆除する事態になったそうだ。阿波の国では、持ち込んだトキによって農作物の被害が頻発したため鉄砲で撃つのが解禁された記録もある。

現在は放鳥も行われ、野生トキだけでも三〇〇羽近くに増えたというが、もしかするとトキが食害を引き起こし、再び駆除が課題に上がる時代を迎えるかもしれない。

話をシカに戻すと、江戸時代の獣害の中でも、やはりシカがひどかったようだ。しかし明治に入ると、日本の山間部の獣害は減少し始める。とくに大正年間から戦後にかけて、獣害はあまり話題にならなくなってくる。どうやらシカだけでなく、イノシシやほかの野生動物も含めて生息数が減少したようなのだ。その中にはトキも含まれる。

原因として考えられるのは、やはり明治以降は幕府の禁制が解かれ、高性能の銃が導入されて駆除が進んだことがある。食肉としてもシカやイノシシが狙われた。江戸時代も肉食はこっそりと行われていたが、明治に入って公に奨励されるほどになっていた。そのほか骨や角なども野生鳥獣は資源として追われるようになったのである。

加えて野生動物そのものが毛皮の供給源として乱獲された。毛皮は欧米への輸出商品として大きな割合を占めていたうえ、戦時下では軍用物質だった。大陸へ日本軍が侵攻すると、防寒用軍服などにも毛皮は求められたからだ。一八八〇年代には軍用の毛皮を調達するための制度がつくられ毛皮市場も形成された。じつは、猟友会が結成されたのもこの時期である。国の主導で狩猟者の組織化が進められたのだった。

毛皮の対象となったのは、ツキノワグマにヒグマ、オコジョ、カワウソ、カモシカ、シカ、クマ、キツネ、タヌキ、ウサギ……などである。よい毛皮の取れる動物は、軒並み狙われるようになる。さらにラッコやアザラシなど海の動物も対象になった。

農家が副収入源として毛皮動物の飼育も始めた。おそらく野生の動物が減ったからだろう。イタチやアナウサギ、ヒツジのほかミンクやヌートリアなどが持ち込まれて繁殖対象になる。戦時中には飼い犬の供出命令まで出されている。

結果的にこの時代にニホンカワウソを絶滅に追い込み、逆に外来のミンクやヌートリアなどが野生化して広がることになる。

また山野の荒廃が野生鳥獣の生息を厳しくした可能性も高い。明治初年度は銃の所有制限だけでなく森林保護のための禁伐令も撤廃されており、伐採が猛烈に進んだ。結果、日本全土にはげ山が広がり、自然はひどく傷めつけられたのである。そして山崩れや洪水などが頻発した。残った森もスカスカの疎林になった。そのため植林が奨励されたが、続く戦争に軍需物資として木材の調達が優先され、また山を荒らすようになった。

戦後は、焼け野原になった町の復興のため、そして経済復興のために木材が求められ、伐採が加速した。さらに広葉樹林を伐り開いて、そこに木材として有用なスギやヒノキを植える拡大造林政策も取られた。

こんな状態では、野生動物も安穏と暮らすどころか生存の危機に陥っただろう。自然が荒れたから獣害も減るという皮肉な関係にある。

## 国がシカを保護した時代

獣害が出ない時代とは、野生動物が激減した時代でもある。実際、シカの生息数も少なかった。シカの生息数の長期データが見つからなかったので正確には言えないが、どうも一九六〇〜七〇年代がもっとも少なかったと思われる。

七六年に発行された本（『追われる「けもの」たち』築地書館）のシカの項目には、冒頭で「現在、わが国にどの程度のシカが生残っているのか、はっきりわかっていない」と記されている。その後も「分布域も個体群も、ごくわずかなものにちがいない」と全体を通して悲観的な論調が続く。この項目の執筆者は、このままではシカが絶滅すると危機感を持つのである。

ちなみにニホンカモシカも激減したとして絶滅の心配をしている。実際、三四年に国の天然記念物、五五年に国の特別天然記念物の指定を受けている。

どうやら明治後期より野生動物の生息数は下がり続けて、この時期に底になったのではないか。ざっと八〇年間、野生動物にとっては受難の時期が続いたように思われる。

シカも、生息数が減少した時期は保護対象だった。その過程を追ってみよう。

明治以降、北海道では一八七七年にエゾシカ猟の一部規制、さらに全面禁猟（九〇年）措置が取られた。当時エゾシカの肉を缶詰にして海外に輸出する産業が発展していたのだが、そのためエゾシカの絶滅が心配されたのである。全国的には九二年に「狩猟規則」が制定されて、一歳以下のシカの捕獲禁止措置が取られた。

一九〇一年に「狩猟法」が改正されて禁猟が解除され、一八年には狩猟獣に指定された。だが、生息数の減少が問題となって狩猟期間の短縮（一九～四七年）などの措置が取られるようになった。

戦後は、四八年にメスジカが狩猟獣から除外され、五〇年にはオスジカのみが狩猟獣とされた。ただ地方によってはシカを全面的な捕獲禁止にしたところもある。

私の記憶では、七〇年代にニホンカモシカの獣害は話題になったが、シカに関してはあまり言われなかったように思う。カモシカは主に高山の植林地に出没して林業被害を引き起こしたが、まだシカは里山に出て農業被害を起こすほどではなかったのだろう。

七八年に環境庁は、オスジカの捕獲数を一日一頭に制限している。さらに保護に努めたのである。様変わりするのは、八〇年代に入ってからだ。明らかに個体数が増加し、農林業被害や自然植生への影響が深刻化してきた。環境庁は九四年に一定の条件のもとで「メスジカ狩猟獣化」を許可する。じつは、これがややこしいのだ。まずメスジカを狩猟獣に加えたうえで、環境庁長官（当時）は全国のメスジカを捕獲禁止とし、さらにシカの保護管理計画を策定した都道府県に限って捕獲禁止措置を解除する、つまりメスジカを狩猟できる、という段取りなのである。

これはメスジカの駆除を野放図に行わないようにするための苦肉の策だとされている。それほど慎重だったのだ。実際には、この年に北海道、岩手、兵庫、長崎の四道県がメスジカの狩猟を開始している。その後も徐々に他県に広がっていった。

九九年には鳥獣保護法を改正して特定計画制度を創設し、メスジカの狩猟を可能にした。また二〇〇六年には休猟区であってもシカ・イノシシなどの狩猟が可能となる「特例休猟区制度」の創設のほか、銃と網・ワナ免許の分割が行われる。これは狩猟免許を取りやすくして、駆除を推進するためだ。銃を使用する狩猟は経費もかかるし、心理的にも敷居が高いが、網やワナの狩猟なら比較的参入しやすいからだろう。しかし、この時期でもシカは一定の保護をしなければならないという認識だった。

完全にメスジカを狩猟できるようになったのは〇七年の改正で、狩猟獣にオスとメスの区別をなくして「シカ」に統合し、捕獲禁止措置を廃止してからである。

メスジカの保護が非常に長く続いたのは、子ジカを産むメスを保護しなければ、また危機的状況に陥るという意識があったのだろう。つまりオスジカの個体数だけで頭数管理を行おうとしたのだ。

しかし、これはシカの生態を考えると効果が見込めない。なぜならオスジカは複数のメスとハーレムをつくる。つまり一頭で多くのメスを妊娠させるわけで、仮にハーレムをつくる強いオスを駆除したら、これまで交尾相手を得られなかったオスジカが空白となった座に就くだけだ。結果的にメスの妊娠率は下がらない。あるいはハーレムをつくれなかったオスジカを駆除しても、もともと子孫をつくれなかったのだから繁殖力を減じる期待はできないだろう。

だから戦後の狩猟行政は変遷があるように見えて、じつは一貫してシカを保護してきたと言って過言ではない。保護策を見直したのは、二一世紀に入ってからなのだ。

生息分布で見ると、一九四五年時点でシカが存在するのは国土の約一〇％にすぎなかったとされる。

ところが七八年には二三％に拡大している。二〇〇四年には四二％になった。これらの数字は環境省の発表だが、近年はもっと増えているはずだ。

ただシカは、ネズミのように一年に幾度も、多数の子を出産するわけではない。いきなり増加するのではなく、何年も前から人間が「近頃増えてきたな」と感じる徴候はあったはずだ。そして増える要因もそれ以前から存在していたと思われる。それらに気づいて早く手を打っていたら、事態の深刻化は防げたのではないか、と感じる。

一九八〇年前後、林業地帯ではカモシカの食害が問題になったが、多くの動物学者や文化庁の官僚（ニホンカモシカは特別天然記念物だったため）は、それを認めなかった。林業家がカモシカの食害跡を見せても、「それはカモシカのかじった跡ではない」と言い張ったのである。では何かと問うと、ウサギだ、シカだと当てずっぽうに言っていた記憶がある。カモシカが増えていることを認めたら、これまでの保護策の間違いを指摘される。そして駆除が課題になって政策の転換を図らないといけない。それを望まなかったのだ。そこに市民の自然保護運動家などが加わり、カモシカを守れの大合唱となった。おかげで初期対応がずいぶん遅れた。

現場で徴候が見られたときから、政策の転換と実行されるまでの時間的な乖離はなかなか埋まらない。

# 第5章　間違いだらけの獣害対策

## シカが増えた三つの仮説

獣害は増加の一途をたどる。その理由は、何といっても生息数が増えたからだ。シカの増え方は〝シカ算〟式であると、先に説明した。だが、シカの繁殖力が急に上がったわけではない。近年になってから爆発的に増加した原因は何だったのか。

そこで改めてシカの増加理由について考えてみたい。これはナラシカにとっても関係のあることだ。

一般によく言われる要因は三つある。

まず①地球温暖化。

冬の間は寒いだけでなく、食べ物が少ないために栄養状態が悪くなり、病気にかかりやすかった。怪我をしても自然に治る前に命が尽きるかもしれない。また積雪はシカにとって大敵で、移動の自由が奪われる。雪が積もることで草やササなど植物を覆い隠してしまうため飢餓に陥って行き倒れるケ

ースもあった。だから大雪の年は、シカの大量死が報告されている。

しかし近年は冬でも暖かくなって積雪が減った。おかげで雪に行き倒れることも少なくなる。葉をつけたままの草木も目立つようになった。栄養状態がよくなれば病気や怪我にも強くなる。冬を無事に過ごせたら、春にはまた出産できる。

次に②狩猟者の減少。

野生動物を獲物として捕獲・狩猟する人が減ったからシカは増えたというものだ。獣害対策として駆除するにも狩猟者の力が欠かせないが、狩猟免許保持者が減少するだけでなく高齢化が進んで猟をしなくなったからというわけである。

そして③ニホンオオカミという天敵の絶滅。

シカの天敵、すなわちシカを捕食する動物としては、日本ではイヌ、ニホンオオカミ、エゾオオカミ、そしてツキノワグマとヒグマぐらいしかいない。なかでもオオカミは偶蹄類を主に捕食することが知られていることからシカの増殖を抑える効果があった。しかし幕末から明治の初めにかけてニホンオオカミとエゾオオカミは全国的に激減して、一九〇五年に最後の一頭が捕獲された後に姿は見えない。絶滅したものと思われる。そのためにシカが増えたというのである。だから、再び日本の山野にオオカミを放てという意見も根強い。

この三つの要因を検証していこう。

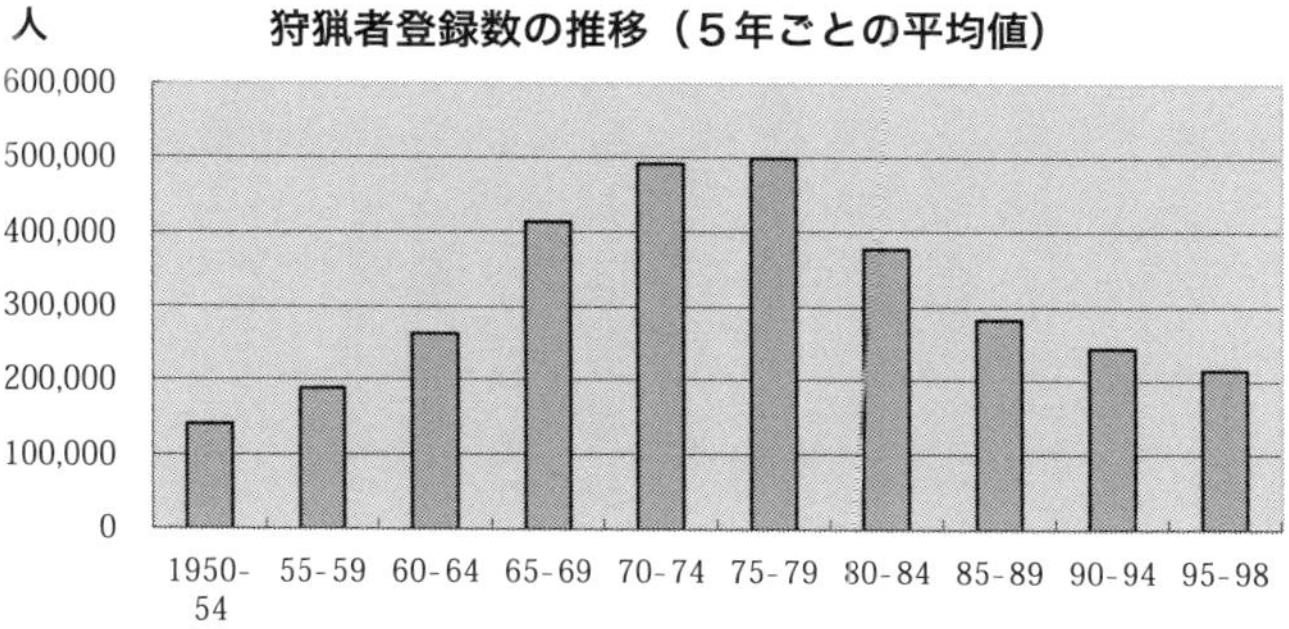

狩猟者数の推移。（2001年、第５回「生物多様性国家戦略懇談会」資料より）

①の「地球温暖化」だが、たしかに東北では積雪が減っており、これまでシカを見かけなかった地域にシカが現れている。生息域を北へと広げているのは事実だろう。

だが、九州など昔から雪がたいして降らない地域も少なくない。もともと雪がシカの頭数を抑制していた証拠はないのだ。それなのに数が激増していることを説明できない。日本列島で深い積雪がある地方は日本海側の山陰、北陸、中部山岳地帯、東北、そして北海道に限られている。太平洋側は厳冬期でもあまり積もらない。つまり全国的なシカの増加と温暖化は直結していない。

②「狩猟者の減少」だが、これを論じる前に確認しておかねばならないのは、本当に狩猟者は減ったのかどうかである。

動物の狩猟には、まず資格がいる。そこで狩猟免許（銃猟とワナ猟に分かれる）の所持者数を見ると、一九七五年には五一万八〇〇〇人もいた。それが九〇年には二九万人となり、二〇一四年は一九万四〇〇〇人と急減している。これを示して狩猟できる人が少なくなったから駆除が進まないのだ……と説明されることは多い。

だが狩猟者数の統計をさらによく見ていくと、別の側面も浮かび上がる。どうやら歴史上もっとも数が多かったのが一九七〇年前後のようで（例年の統計がないため、ピークははっきりしない）、それ以前はかなり少ない。四〇年代は戦争のためとしても、三〇年は一〇万人を切っていたようだ。もっとも二〇年は二〇万人を超えるなどバラツキがある。一二年も一〇万人以下である。いずれにしろ、現在より少ない時代が長く続いていた。これでは近年になって狩猟者が減ったからシカが増えた……とは言えないのでないか（むしろ野生動物が少ないから狩猟者も少なかったのかもしれない）。

しかも有害駆除数の推移を見ると意外な点が浮かんでくる。一九九〇年と二〇一四年の駆除数を示すと、シカは四万二〇〇〇頭から五八万八〇〇〇頭、イノシシが七万二〇〇〇頭から五二万六〇〇〇頭へと急増している。両年の間に一〇万人以上も狩猟者が減ったにもかかわらず、駆除数は数倍から一〇倍以上になっている。狩猟者数と有害駆除数は必ずしも相関しない……というより、逆転しているのだ。

では、なぜ狩猟者が減っているのに駆除数は増えたのだろうか。

その裏には報奨金の値上げがある。有害駆除を行うと支払われる報奨金額は自治体によって違うが、以前は一頭当たりせいぜい五〇〇〇円だった。それが地域によって二万〜三万円まで上がっている。これまでボランティアに近かった駆除も、頑張りがいが出たのだろう。ハンターの高齢化は進んでいるが、まだまだ猟は行っているのだ。

③の「オオカミが絶滅したから」とする説はどうだろうか。

この説に対する回答は、すでに出ている。つまり、オオカミがいた江戸時代でも獣害は苛烈だったという事実だ。つまり獣害抑制にオオカミは役立っていなかったのである。

この一点で終わってしまうのだが、もう少し深く考えてみよう。

オオカミがどれほどのシカを捕食するだろうか。欧米の研究を引用するのはあまり意味がない。なぜならニホンオオカミの体格は欧米のタイリクオオカミ（別名ハイイロオオカミ。ニホンオオカミは、その亜種とされる）と比べて意外なほど小さい。成獣で体重が一五〜二〇キロだったとされ、タイリクオオカミの半分程度。シカより劣る。シカを獲るのは簡単ではなかったはずだ。

群れをつくってシカを襲うとしても、狩りの効率が高いとは思えない。それにオオカミがシカばかりを襲うと考えることに無理がある。おそらくネズミやウサギ、それに鳥など小動物も餌とするだろう。だが、もっとも狙いやすいのは家畜や家禽ではないか。人里に下りて畜舎を襲うかもしれない。さらに人間を絶対に襲わないという保証はない。

エゾオオカミもタイリクオオカミの亜種だが、体格は大きかったようだ。もっともエゾシカも大きいし、最近の研究では骨の成分から餌としていたのは陸上動物だけでなくサケなど魚類も多かったことが指摘されている。カナダでは貝類も食べるという。

また現在の山野には、多くのノイヌ（野生化したイヌ）がいる。猟犬などが山で迷子になったり捨てられたりした末に野生化したものと思われるが、すでにオオカミの生態的地位は、こうしたイヌが占めていると思われる。イヌはオオカミの亜種であり、両者の生態に大きな違いはない。改めてオオカミに期待するのは虫がよすぎるだろう。

そしてオオカミがいなくなって約八〇年の間、日本列島に獣害はあまり出なくなっていた。皮肉なことに、オオカミのいない時代のほうが獣害の発生は減っていたのである。

## 野生動物が増えた最大の理由

最初に掲げた三つの要因を考察すると、ことごとく否定的な見解が出るわけだが、じつはあまり指摘されてこなかった、しかし最重要なシカの増加要因がある。シカだけでなく、野生動物全般が増えた理由だ。それは……餌が増えたことだ。

シカが増えるためには、まず餌が十分になければならない。妊娠・出産に子ジカの生存率も栄養状態の影響を受ける。そして生息数が増えたら餌の必要量も増える。では、山野に餌がどれほどあるのか。餌が多くなったからシカが増えたと考えるべきではないか。

よく説明されるのは「奥山を人工林にしたから、餌がなくなって人里に下りてきた」という理屈である。スギやヒノキなど針葉樹ばかりの人工林では、野生動物は食べるものがないのだという。

それはどうか。本当に人工林をよく観察したのか。私は日本各地の人工林を見て歩いているが、意外や絵に描いたような「林内は暗くて草一本生えていない」ところはそんなに多くない。スギ林はスギだけ、ヒノキ林はヒノキだけしか生えていないと思い込みがちだが、そうでもない。立ち枯れたスギやヒノキがギャップ（林内の開けた空間）をつくり、そこに広葉樹が侵入している例は多い。若年時に一、二度間伐していたら、雑木がよく茂る。むしろ雑木や雑草がスギやヒノキを被圧して繁茂しているから、荒れていると言われる山も少なくないのだ。そんなに草木があれば、動物の餌も多いと言えるだろう。実際に放棄された人工林が、針広混交林に移っている報告が数多くある。

しっかり整備されている人工林でも、中低層には広葉樹が入り下草を茂らせている森は少なくない。定期的に間伐を施せば林内に光が入るからだ。スギやヒノキが高く伸びた後なら雑木に被圧される心配もない。むしろ林業家は、土壌を豊かにするため草を生やす。そんな人工林の林床は、草食性の動物の餌場となるだろう。下草がほとんどない人工林を見かけたら、そこはシカが出没した証拠と林業家は言っている。

加えて里山は主に落葉広葉樹林に覆われているが、シカが好んで食べる草木はそれこそ山とある。照葉樹林化している里山も少なくないが、照葉樹の葉も食べられるし、ドングリを実らせる樹種も多くシカに餌を提供する。

全体として山には野生動物の餌が豊富といえるのではないか。

そもそも野生動物は奥山でも増えている。むしろ奥山が飽和状態になったから里に下りてきた可能性だってある。

私は、冬の中山間地にシカやイノシシの餌となるものがどれだけあるか、奈良の里山を歩いて観察して回ったことがある。「冬」であることが重要だ。植物が少ない冬に餌となるものがどれだけあるかが、野生動物の生息数を決めるからだ。

その観点で歩くと、閑散としているように見える冬の里山も意外なほど餌となるものが目立つことに気づいた。

まず開けた土地にはクズが繁茂している。葉は枯れていてもクズの根は栄養価の高いデンプンを豊富に含む。かつてクズの根は葛粉の原料として重要な林産物だったが、今では掘る人もほとんどいない。ほかにヤマイモらしき蔓《つる》も見かける。どちらもイノシシは掘り返しておいしい餌とするはずだ。またササは冬も茂っていて、シカの大切な餌になる。竹林は植物層が貧弱とされるが、春に伸びるタケノコを餌として提供する。

だが、もっとも餌の宝庫となっているのは、山野ではなく田畑だった。冬の畑には、野菜や果物が山ほど捨てられていたのだ。

農作物に不良品の発生はつきものだ。間引きしたものや虫食いの作物は収穫せずに、そのまま畑に捨て置かれる。ハクサイやキャベツのような葉物野菜は、収穫する際に外側の葉を剝くが、それらも大量に放置されていた（それが肥料となるという声もあるが、おそらく堆肥化する前に食べられてしまうのではないか）。また自家用菜園では、食べきれないからか育った作物をそのまま残すケースも少なくなかった。ハクサイやキャベツなどが何畝も残されているのだ。さらにカキやクリ、ミカン、ユズ、ダイダイ……など果実が収穫されることなく枝についていたり、自然落下している。その総量は膨大だろう。

山間部でも、森の中の道路に意外な餌が大量にあった。路面そのものは舗装されているが、法面に草が茂っているのだ。道（林道・作業道を含む）を通す際、山肌を削って切り開くとそこに光が入り草が生える。しかも生えているのは外来牧草が多い。開削時に土留めのために牧草種子を吹きつけたのだろう。家畜の餌として改良された牧草は、冬も青々と茂って非常に栄養価が高い。当然、シカも好むだろう。

食糧不足の時代なら作物はすべて収穫しただろうが、今や質によって選別する時代だ。弾かれた作物が農地に残される。また専業農家は減り、農業が家計を支える割合が減ると、売ってもたいして金にならない作物を放置しがちだ。

山に豊富な餌があり、里にも農業廃棄物がたっぷりある。人が少なくなり農地に侵入しても追い払われない。だから野生動物は、奥山と里山を行き来している可能性が高い。これこそシカを含む野生動物増加の最大要因ではないだろうか。

環境省によると二〇一三年のシカの推定数は約三〇五万頭、イノシシが約九八万頭（いずれも推定中央値）。イノシシは近年横ばいだが、シカはこのままだと二三年に四五三万頭に増えると推測されている。

栄養状態がよくなれば寒い冬も越しやすく、怪我や病気にも強くなる。そして出産率も上がる。この循環で日本列島はある意味、野生動物の楽園になりつつあるのだ。

## 有害駆除に向かない猟友会

この増加に歯止めをかけるにはどうしたらよいのか。

最初に獣害対策を整理しておこう。まず加害個体の頭数を減らす「駆除」がある。昨今はこればかりが注目されるが、その前に食べられたら困る作物などを柵で囲う「防護」を忘れてはならない。そしてもっとも肝心なのが、農地など被害が発生する場所に野生動物を引きつけない「予防」。この三種類がある。これらを順に考えたい。

まず誰もがすぐに頭に描く獣害対策は、害を引き起こす野生動物の数を減らすことだろう。つまり「駆除」だ。猟銃やワナ（箱ワナやくくりワナなど幾種類かある）によって、害獣を捕らえ駆除（たいてい殺処分）するのである。

先に狩猟免許を取る人は減っているとしたが、近年は若干増えてきた。有害駆除目的で参入する人が現れたからだ。若い女性の取得者も現れたことが話題にもなった。

ただ免許を持っていても、それが獣害対策に結びつくとは限らない。なぜなら腕前に差があるうえ、新人を教育するシステムがないからだ。通常は猟銃の狩猟免許を取ったら猟友会に加入し、集団の猟に同行して見て聞いて体験して覚える……という段階を踏むが、先輩がどれほど熱心に教えてくれるのかに左右される。しかも先輩の狩猟の仕方がベストというわけでもない。ある意味、自己流の猟が多い。

ワナ猟の場合も、その技術によって大きな差が生じる。ワナの仕掛け方と仕掛ける場所の選定は相当な経験が必要だ。シカが通る獣道を見極める目と、仕掛けるノウハウを身につけるのは簡単ではない。結果的に年間一頭も獲れない人もいる。

そもそも猟友会は、狩猟愛好者の団体として成り立っている。市町村レベルの地域の猟友会があり、それをまとめた都道府県猟友会、そして全国組織の公益団体である大日本猟友会という構造になっている。大日本猟友会の掲げる役割は、狩猟の適正化や野生鳥獣の保護などだ。ただ狩猟愛好者と記したとおり、趣味の団体だと言ってもよいだろう。だから仕留める数を増やすよりも、たとえば巻き狩りなど複数のハンターで獲物を追うことを楽しむ。あるいは野生鳥獣の肉（ジビエ）を得るのを目的として、必要な頭数以上は獲らない人もいる。銃の所持や資格維持の手続き、猟犬の飼育……など経費も手間もかかる。それを負担しても狩猟をやりたい人が参加するものだ。

しかし今注目されているのは、有害駆除の担い手としてだろう。増えすぎた野生鳥獣を駆除するには、狩猟のできる人が必要であり、その適格者のほとんどが猟友会の会員だっただけで、猟友会イコール有害駆除団体ではない。それに有害駆除の出動は、役場からの依頼がなければならない。現状は、依頼先がほぼ猟友会になっているのだが。

猟友会にとって、有害駆除はボランティアである。趣味のハンティングとは別の社会貢献に近い。出没情報に合わせて平日でも急遽動員がかかり仕事を休んで出動することもよくある。狩猟ではなくワナにかかった獲物の処理を頼まれることも多い。これは楽しくもない作業だ。逃げられない獣を至近距離で撃つ、時に槍で突いたり棒で殴って殺すのだから。それでいて命を奪うことへの世間の白い目もある。

ただ先に触れたとおり、報奨金の額が上がってきた。かつて一頭二〇〇〇～五〇〇〇円程度だったため、経費にもならないと嘆かれたが、最近は地域によっては二万～三万円にもなっている。これならやる気になる。猟友会の中でも誰が有害駆除に出動するか、奪い合いになるケースもあるそうだ。そのためか、猟友会の中にも序列のようなものができ、新規参入した人を必ずしも駆除に参加させるわけではない。

一方で報奨金申請にも面倒がある。まず駆除個体の写真撮影や尻尾、耳などの切り取りに加えて、仕留めた個体を処理施設に運ぶか、埋めて処分しなければならない。肉を得る場合も、食品衛生法があるので野外で解体すると売買してはいけない。

狩猟と有害駆除は別物という声は強い。巻き狩りでは、大人数が一日中山を駆けずり回って仕留めるのは一頭か、せいぜい二頭。数ではなく、山野で獲物を追うことを楽しむのだ。しかし有害駆除は、もっと効率よく獲物を仕留めなければならない。農地の周辺で出没するシカなどを待ち伏せして、一人一日で二頭三頭仕留めた話も聞く（もちろん銃を使える区域でなくてはならない）。農地近隣だから道もあり、搬出も楽だ。仕留めてすぐに解体場に運べる。しかし猟友会によっては、そうした仕留め方をよしとしない風潮もある。またワナ猟のほうが効率がよいとする声もある。それに猟友会ごとに行動エリアをある程度決めているので、広域に出動するのは難しい。

猟友会と有害駆除を巡っては、いろいろトラブルも起きている。よろしくない事件もいろいろと報道され始めた。

とくに問題となっているのは、有害鳥獣の捕獲数を水増しして、報奨金をだまし取るケースだ。同じ個体を別の角度で撮影して複数の個体に見せかけるほか、尾と耳は、駆除ではなく猟期に捕獲したものを保存しておき提出するという手口らしい。

猟友会の会員が虚偽申請していたケースは全国で発覚しており、それらが積み重なると不正受給した金額は数百万円、時に数千万円にもなるという。全国では一体いくらになるだろうか。ほかにも使途不明金が出るなど問題は根深い。任意団体のため、会計処理は不明朗になりがちだ。

さらに駆除個体を山林内に放置したり、河川敷で解体して川の水に浸したり、遺体を埋めずに放置するケースも報告されている。腐乱して周辺環境に悪影響を与えるだけでなく、クマなど別の野生動物を誘引すると言われる。

一方で駆除を依頼する自治体の立場から見ると、あまり厳しくチェックすると猟友会との関係が悪くなり、肝心の有害駆除に出動してくれなくなることを心配する。そんな背景が不正を生むのだろう。

猟友会はあくまで狩猟愛好者の会であり、有害駆除の主戦力には向いていない。有害駆除のプロ集団をつくるべきだとする声も強いが、利害関係が交錯してなかなか進まないのが実情だ。

## 獣害対策は「防護」と「予防」にあり

じつは駆除より先に考えるべきは「防護」だ。具体的には被害を被るものに防護柵を張ることになる。これは農作物や樹木を単体でガードするものと、農地や林地を囲むもの、そして集落など地域全体に野生動物が入れないように囲む防護柵の三つの段階がある。これらをしっかり設置しておけば、確実に内側の農作物は守れるはずである。

しかし、いずれも設置の仕方を誤ると効果が出ない。たとえば防護網の場合は地際をしっかり押さえておかないと、シカやイノシシは簡単に持ち上げてくぐってしまう。またシカは高さ一・五メートルぐらいは跳ねることができるから、山の斜面に近いところの低い柵ならあっさり飛び越える。樹木の枝が柵の上に伸びてサルなどが越えやすくすることもある。電気柵も茂った雑草が接触したら漏電して効果がなくなる。それにイノシシは鼻面以外は通電しないから、そこに合わせた設置が必要だ。さらに金網柵でも破られることは少なくない。

防護柵は常にメンテナンスが必要なのだ。しかし意外と設置後は放置されやすい。集落内の誰がメンテナンスを担うか取り決めておかないと、すぐに柵の効果が失われる。

こうした動物生態の知識を持って柵や網の設置をすべきなのだが、自己流が多かったり、あるいは業者に委託して我関せずのため問題点に気づかないケースが少なくないそうだ。

そもそも柵の設置を面倒がる農業者も多いと聞く。高齢化が進んでいるからなのか、兼業化しているからなのか、農地を守ろうという意識が十分ではない。柵を張り巡らせたのに被害が出た、というので調べたところ、農家が柵の出入り口を閉め忘れていたケースだってあった。閉めても鍵をかけないと動物は扉を開けて入る。

獣害対策の進んでいる地域では、獣害アドバイザー制度を設けて、農家に対してしっかりした柵の張り方、メンテナンス、扱い方を指導している。農家に当事者意識を持たせることが大切だという。駆除も防護も他人に任せるという他力本願の発想では防げない。

また個別の農地を囲う柵と集落全体の柵は役割が違う。集落を囲おうにも、道路や河川の部分は封鎖できないから、そこから入ってくる個体がいる。警戒させて入らなくなるような張り方もあるのだが、あまり普及していない。

なお林業地でも、植林したらその区域に柵を設けるようになったが、なかなか効果は出ない。傾斜など地形が複雑で、しかもメンテナンスもめったにできないからだ。私も植林の手伝いをしたことがあるのだが、植えた区域の周りを全部防護柵で囲んだ。ところが、後にその柵の見回りに同行したら、各所に穴が開けられていた。本当にシカ？と思えるほど、金網をねじ切っていたり、支柱を倒したりしている。一度破られると、中の苗は食べ放題になる。おかげで私が植えた数百本の苗木も全滅していたのである。

ちなみに最近は筒状のツリーシェルターも使われる。苗木一本一本に被せることで、食われないように守るのだ。ただ苗が生長して筒から飛び出すと食われるという。当たり前だが……。

「防護」の問題点は、何といっても経費が高くつくこと。そして設置する手間、メンテナンスする手間が馬鹿にならないほどかかることである。

最後に来るのは「予防」だ。本当はもっとも重要とされつつも、もっともないがしろにされがちである。

農作物という「おいしい餌」を覚えた個体は繰り返しやってくる。野生動物が何を好んでいるのか、その餌をどのように狙うか。それらを知って、まず寄せつけないことを考えねばならないのに、意外と農家は無頓着なのだ。

里に来る動物が最初に狙うのは、農家が収穫する農作物よりも農業廃棄物だ。先に触れたが、農地周辺には間引かれた作物が捨てられ、人家近くにも実を付けたカキやクリ、柑橘類などの果樹がある。雑草も田畑の周辺、もしくは収穫後の農地によく生えている。田んぼには刈り取り後の株から稲のヒコバエが生えて、時に穂まで実らせる。これらはみんなおいしい餌となる。

問題は、それらを食べているシカを農家の人が見つけても、なかなか追わないことだという。逆に廃棄物を食べて満腹になったら農作物を食べないでくれるのではないか、という希望的観測を持つ。農家は、収入となる農作物を食べられると被害者意識を持つが、収穫物以外に対しては鷹揚なのだ。だが、これらを食べた獣はすっかり味を覚え、次は農作物そのものを狙う。しかも人は怖くないことを覚える。

だから、農業廃棄物を野外に放置しない。草刈りもする。農地周辺でシカやイノシシを見かけたら必ず追う……といった予防が重要となってくる。

こうした獣害対策については、国立研究開発法人農研機構西日本農業研究センターの江口祐輔さんの話がわかりやすい。

「もともと農地などを狙う個体は決まっているのです。彼らは山に餌があってもおいしい野菜を知ると農地を狙います。だから生息数を減らせば被害が減るわけではない。猟友会などの駆除は山に入って行うことが多いんですが、ずっと山にいる個体を駆除しても、農地周辺にいる加害個体を駆除しないと被害は減りません。農地を狙う獣の習性を熟知して対策を練らねばなりません」

つまり「防護」と「予防」の知識を身につけることが重要だ。農林水産省は農作物野生鳥獣被害対策アドバイザー制度を設けているし、環境省では鳥獣保護管理プランナーや鳥獣保護管理捕獲コーディネーターなどの資格を設けている。自治体でも似た資格を設けて研修を行い、農家に指導と普及活動を行うところがある。いずれも獣害を引き起こす野生動物の習性などを知って対策することを指摘している。本当は、農家自らが資格を取るほどの知識を身につけるべきなのだが、なかなか取り組む人は少ないらしい。

ちなみに「予防」できる獣害は、基本的に農業被害だ。残念ながら森林被害、林業被害に対して誘引する餌を減らすのは難しい。しかし大規模に同樹種の苗を植えるのではなく、他種の苗を混ぜて植えるなどして、被害を分散させる試みは行われている。

いずれにしろ、「予防」「防護」、そして「駆除」の組み合わせて実行しなければ獣害対策は進まないだろう。

## ジビエが獣害対策にならない理由

このところ、ジビエ（野生鳥獣肉）が注目を集めている。政府もジビエ利用拡大の旗を振り、各地で事業化の動きが目立つ。有害鳥獣を資源にすることで駆除を促進し、獣害対策をコストから利益に変える。そうなれば補助金の減額も可能になる。加えて、ジビエ・ビジネスを農山村の産業として地域活性化に寄与させる……という発想だろう。

すでにレストランでは、シカ肉料理がクローズアップされている。シカ肉は高タンパク低脂肪、鉄分が多くて栄養価が高いとうたわれる。シカ肉流通量の統計はないが、鳥獣処理加工施設（シカ以外も含む）は、把握されているだけで二〇〇八年の四二カ所が一七年には五〇〇カ所以上に増えた。

だが、本当に駆除とジビエは両立するのだろうか。その最前線を自分の目で見ようと、兵庫県丹波市の株式会社丹波姫もみじを訪ねたのは猟期も終盤の三月上旬だった。

この会社は、ニホンジカを食肉加工販売する会社として二〇〇六年に設立された。もみじとは、シカ肉の別名だ。私は設立時に取材をしている。柳川瀬正夫社長は有害駆除したシカを買い取ることでシカの駆除を推進しようと意欲的だった。今回も、まず柳川瀬社長に話を聞くつもりだった。一〇年余り経って、どんな展開となったのか。

ワナにかかって持ち込まれたシカ。仕留め方によっては食用に向かなくなる。

ところが事務所の戸を開けたとたん、社の前に軽トラが停まった。荷台には大きなシカが積まれていた。胸が赤く染まっている。インタビューよりシカの解体見学が先だ。Uターンして外に出る。

さっそく社員が集まって、シカを食肉処理場に運び込む。体重を量ると七〇キロを越えた。かなり大物の部類だ。角も立派だった。持ち込んだ人によると、畑に仕掛けたくくりワナにかかっていたのだそうだ。その胸を槍で突いて仕留めたそうだ。

「最後のトドメを刺すのは辛《つら》いねえ。泣きながら突いている」と語る。

シカは、すぐに解体場に吊るされた。だが、その解体が始まる前に新たな獲物が持ち込まれた。次々とシカが運び込まれる。猟期中は一日一〇頭以上は持ち込まれるという。

「もっとも多い日は二六頭だったかな」と言うの

は、解体を担当する足立利文さん。一頭の皮を剝ぎ内臓を抜くまでにかかるのは一〇分くらいだという。その後冷蔵室で約一週間熟成させてから肉の部位を切り分ける。

二〇一六年の処理数は、約一八〇〇頭にのぼった。ニホンジカ専門の処理施設としては日本最大級だという。これほどの数を扱うようになったということは、ジビエブームに乗って急成長か……。

「全然、利益は出ません。一時は廃業を考えたくらいです」

意外や柳川瀬社長の口調は重かった。ようやく話を聞いたジビエ事情からは、この世界の抱える根本的な問題が浮き彫りになる。

まず会社の設立に補助金は使わなかったという。その代わり引き取るシカは選ぶ。質のよい肉を提供することで事業化をめざした。銃猟で仕留めた獲物は、頭か首を撃ち抜いた個体でなければ使えない。銃弾が肉はもちろん内臓に当たったものは商品にならない。とくに胃腸部分に当たると、大腸菌が体内に飛び散るため食用にできなくなる。

引き取る個体は、有害駆除報奨金と合わせて五〇〇〇円で買い取っていた。初年度の処理頭数は約四〇〇頭。七〇〇頭以上にならないと採算に合わないのだが、獲物を選ぶとなかなか数は増えない。それでも営業を重ねてシカ肉を扱う料理店なども増やしてきた。

一二年に丹波市から求められて有害駆除のシカを受け入れることを決める。市にとって駆除個体の処分とジビエ化の両方を狙ったのだろう。会社としても、持ち込み数が増えることと、やはり補助金によって赤字を抑えられるという心づもりである。おかげで急拡大した。年間引き取り数は、毎年一〇〇〇頭を優に超えるまでになった。

ところが利益はほとんど出ないという。ハンターには値上げされた報奨金（丹波市では七〇〇〇円）を渡すが、会社からは出せなくなった。柳川瀬社長は、シカ肉がビジネスとして難しい理由を語った。

「まずシカは売り物になる肉が少ない。体重で見ると、だいたい肉、内臓、骨と皮と角で三分の一ずつの割合。その肉もおいしくて売り物になるのは背ロースとモモ肉ぐらい。肉質が良いのはさらに少なくなる。ほかの部位の肉は臭くて人の口には合いません。計測したところ、販売できるのは全体の一五％程度でした。だから肉の注文が増えても十分に供給できないのです」

背ロース肉は一〇〇グラム当たり卸値七〇〇円前後で取引されるが、これ以上値を上げるのは難しいという。

ここで重要なのは、肉質がシカの捕獲方法に左右されることだ。先に記した銃弾の当たる場所だけではなく、仕留めてからの搬入時間、血抜きと解体の時間、毛の付着の有無、弾の破片などが体内に残っていないか金属探知機による検査……。衛生面の確保は絶対条件だ。ほかにも年齢やサイズによる肉質や量のばらつきも大きく、実際に食用に回せる部分はきわめて少ないのだ。昔のように猟師が山の中で解体して沢の水に浸して冷やしたような肉は、衛生上市場に流せない。

ワナ猟も、かかったらすぐに仕留めないと暴れて打ち身になり鬱血したり、体温が上がって「蒸れ肉」になったりする。すると臭みが強くて食べられなくなるという。しかしワナの見回りを毎日するのは大変なため、ワナにかかって数日経ったシカを持ち込まれることもある。報奨金目当ての猟だと、肉質を気にしないからだ。

人が食べられないと判断した肉は、ドッグフード用に回すのがせいぜい。しかし価格は一〇分の一以下だ。内臓や骨は飼料や肥料になるのだが、ＢＳＥ問題の際に利用禁止となった。角や毛皮の商品化も進めているが、大きな需要にはなっていない。

「有害駆除個体を受け入れると補助金が出る点はありがたいのですが、逆に個体を選ばず引き取らねばなりません。残念ながら駆除のやり方を、ジビエ向きに考えてくれる人は少ない。一方で利用できない部位や個体は、廃棄物として処分する必要があります。焼却などの経費が経営を圧迫します」

処理数を駆除個体に頼ると、ジビエの価値を減じてしまう。それが経営を厳しくしてしまったのだ。もっと根本的な問題として、農業被害の点から駆除を進めてほしいのは春から秋にかけてだ。ところが、シカもイノシシも肉に脂がのっておいしくなり需要が増えるのは秋から冬である。肉の価格も冬のほうが高くなる。この齟齬が問題となる。猟友会の中には、夏の駆除を嫌がるケースもある。夏に多く駆除すると、冬に獲れる数が減るからだそうだ。まさに本末転倒の事態が起きている。

奈良県に、有害駆除を目的に取り組む株式会社ＴＳＪという会社がある。仲村篤志社長は、猟友会とは一線を画した獣害対策のプロ集団をつくり、優秀なハンターを集めて奈良県の認定鳥獣捕獲等事業者となった。

「事業としては各自治体と契約して行います。ただ駆除だけでは地域貢献度が弱い。そこで食肉処理

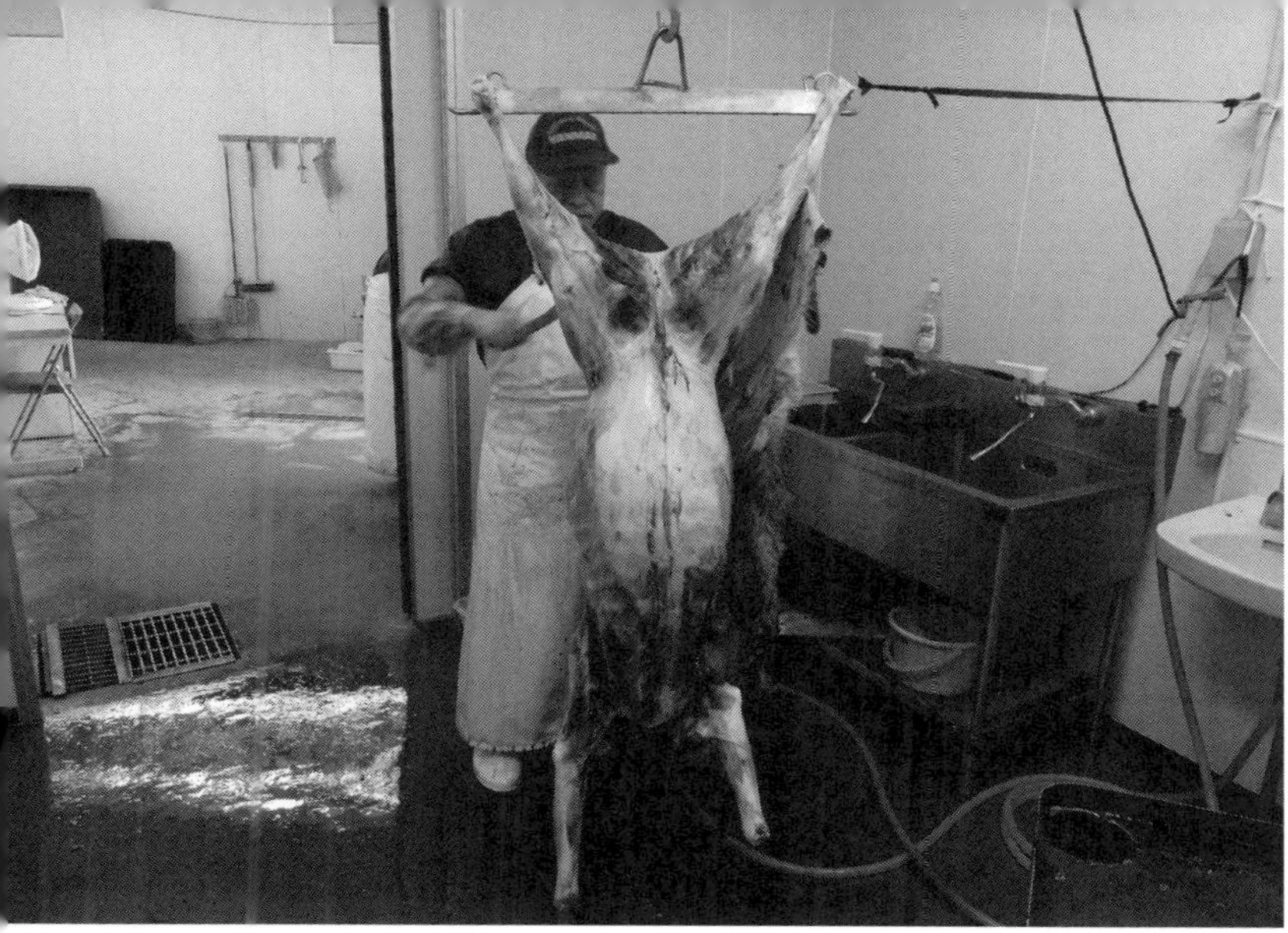

食用として販売できるのは全体の15%ほど。廃棄物処分の経費がかさむのが実情。

施設を運営して雇用などで地元に寄与しようと考えました。連動すれば肉質を高め量も確保できると考えて事業計画をつくりました」

ところが試算すると、年間シカ七〇〇頭を仕留めて肉を販売しても収入は三〇〇万円程度。経費は六三三万円を超えて、完全に赤字になることがわかったという。解体施設の建設費や維持コストなどを考えると、まったく引き合わない。

このことからジビエ肉販売は行政の希望があって初めて行うものとし、その場合は何らかの行政の後押しがなければ無理だと判断した。

解体施設を移動式の自動車（ジビエカー）にする案も出ている。しかし、いつ、どこで、何頭仕留められるかわからない獲物のためにジビエカーを走らせてもコストは引き合わないだろう。莫大な補助金を投入して開発されたが、実用になるかどうか疑問だ。それ以前の肉質や量の確保が重要なのだから。

有害駆除とジビエ需要を合致させるために試みられているのは、殺さず生体のまま捕獲する方法だ。生きた状態で確保しておいたうえで、必要となった際に屠畜・解体すれば肉の質は確保できる。また安定供給にもつながる。そのために獲物を殺さない箱ワナやアルパイン・キャプチャーと呼ばれる大きな囲いワナを使用する。一度柵の中に迷い込むと逃げ出せない仕組みのワナである。

一定期間を柵の中などで飼育することで野生動物を落ち着かせた後に、注文に応じてトドメを刺して解体すれば、蒸れ肉化を防げるうえに出荷量を安定させられる。ただし餌代などを考えると、飼育期間は短期間だろう。あまり多頭を柵内に閉じ込めるのも難しい。それがストレスとなって暴れて傷つけ合う可能性もあるからだ。

この方式は、北海道などで始まっている。また島根県でも対象はイノシシだが、生体捕獲とジビエ供給を結びつける試みは行われだした。

ただ、生体捕獲が進めば「飼育」になる。ジビエブーム以前から、イノシシやシカを飼育する人もいた。それはイノシシ肉やシカ肉を提供する山村のビジネスだった。そこでは捕獲したイノシシやシカを飼育するだけでなく、繁殖させるところも少なくない。そのほうが安定供給になるし、捕獲の手間もいらない。

先にシカの飼育の可能性と実情について記したが、ジビエ・ビジネスを発展させると必ず家畜化に行き着いてしまう。紹介した飼育数が一〇〇〇頭を超えるシカ牧場は、シカ肉のほか鹿革と鹿茸を漢方薬の原料として商品化しているが、これは養鹿産業であり、獣害対策とはまったく別物だ。

日本におけるジビエの事業化は厳しいようだ。イノシシはともかく、シカは肉量が少ないし、シカ肉需要も少ない。そして輸入肉とバッティングするからである。

ジビエの最前線を追うと、シカ肉が人気を呼べば獣害の元であるシカの駆除も進む、というほど単純ではないことが浮かび上がる。ジビエの普及は有害駆除とまったく別の次元であり、連動していないのだ。それどころかジビエを得るための狩猟が獣害対策と相反することも有り得るだろう。もし、獣害対策としての狩猟とジビエの普及を両立させようと思えば、現在の有害駆除体制を根本から組み直さないと難しい。専門的に駆除を担当する組織と効率的な解体処理施設、そしてジビエの販売先と綿密な連携を組む必要がある。

ともあれ補助金目当ての有害駆除と流行に乗るだけのジビエを抱き合わせても、決してうまくいかないだろう。

# 第6章　悪戦苦闘のナラシカづきあい

## 戦後のナラシカと愛護会

太平洋戦争が終わった頃、ナラシカはどうなっていただろうか。じつは明治維新時とよく似た危機に陥ったのである。

ナラシカの数は、一九三七年に七八〇頭、四二年に八〇六頭という報告が出ている。戦中までは、保護されて従来の頭数を維持していたことがわかる。

だが防空演習のため、四一年に角切り行事が中止になっている。戦中戦後はしばらく行われないようになった。一方でナラシカ関連予算が三万二〇〇〇円になったという記事がある。とくに鹿苑の餌代が一万五〇〇〇円にも達していた。そして農作物被害の補償金に一〇〇〇円支出している。一方で、四二年に春日大社のシカの銅像が金属回収のため供出されてしまった。

だが戦時体制が進む中、食料難もひどくなった。戦中の思い出話の記録の中に奈良県の役人がシカ

一度は金属供出の憂き目に遭ったシカの銅像。

の肉は食えるか試してみようということになり、すき焼きにして食った話が残されている。その食われたシカがナラシカかどうかはわからないが、腹が空いたら神鹿も肉の塊に見えてくる。

そして戦争直後の記録では、ナラシカは七九頭しかいなかったという。一〇分の一以下である。この数字は誰がいつ調べたのかはっきりしない。ただ極端に減ったのは間違いなく、おそらく原因はシカ肉目当ての密猟だろう。一部、アメリカの進駐軍が奈良公園でシカ狩りをしたという記録も見られるが……。

戦争末期は、春日山中で銃声がしょっちゅう響いていたというから、わりとおおっぴらに猟が行われていたのかもしれない。春日大社としては、密猟者を取り締まりたかっただろうが、銃を持つ者を相手にするのは厳しかった。

しかし、これほど数を減らしたことで、食害問題は解消した。皮肉な話だが、数が減ると獣害もなくなるのは、全国の野生動物と同じだ。そうなるとナラシカも食害対策より保護に重点を置かねばならなくなる。

一九四六年一二月七日に、春日大社で第一回奈良の鹿増殖対策協議会が開かれた。そして「春日神鹿」の呼び方を「奈良の鹿」と改める決議を行っている。神という言葉が、神道のイメージを強めてGHQににらまれると忖度したのだろうか。そのうえで天然記念物への指定を推進する決議をした。ちなみに、同月二〇日に「官幣大社春日神社」を春日大社と改称している。これも官幣という言葉が時流に合わぬという判断かもしれない。

翌四七年四月二三日には春日神鹿保護会は、奈良の鹿愛護会と改称する。これが現代に続く愛護会の誕生である。そして県によって奈良の鹿飼料園が建設された。ナラシカに与える飼料を栽培するのが目的だ。これに六万三〇〇〇円かかった。当時の財政からすると、結構な出費だっただろう。

翌年八月一八日、ナラシカは「奈良のシカ」として国の天然記念物に仮指定された（正式に指定されるのは五七年になる）。天然記念物となると、シカを捕獲したら罰則の対象となる。そこで懸賞金付きで市民に密猟者の情報提供を求めている。

ただ、この指定は将来に禍根を残した。なぜなら種指定でも地域指定でもなかったからだ。形式上は前者扱いだが、「奈良のシカ」というのは生物的な種類ではなく一般のニホンジカ（亜種ホンシュウジカ）と特別な違いはない。かといって棲息地などに学術上の価値を認める地域指定にもしなかった。あえていえば文化的なくくりの種指定である。

四九年には、奈良軍政部長官によってシカの密殺や樹木の不法伐採を許さないよう県と奈良市民に勧告する、という声明が出されている。進駐軍は奈良の観光産業に関して気を回してくれたのかと、ちょっと驚きだ。

ナラシカの数は四九年が一一九頭、五〇年が一四二頭（県観光課調べ）と順調に増えている。もっとも愛護会の調査では五〇年に一七二頭いたという。終戦直後の七九頭からすると倍増以上である。五八年には五〇〇頭を超えた。ナラシカの数が回復しつつあるのは喜ばしいのだが、十数年で六倍以上に増えたシカの繁殖力は恐るべきものがある。そして再びシカの食害問題が持ち上がってくるのである。

五二年、奈良公園近郊の農家は、奈良の鹿愛護会に対して前年の農作物被害の賠償として四五万円を請求している。そのため第一回鹿害対策委員会（メンバーは被害者、愛護会、奈良市と県の観光課、農務課などの代表会議）が開かれている。

ただこの会議に春日大社、愛護会側からの出席者はいなかったようだ。そのため農家は激高し、ナラシカの銃殺を認めろと要求を突きつけた。さらにナラシカを春日山に閉じ込めるべく長さ七・五キロの金網の防護柵を築くことや、農家が捕獲した際は一頭につき一〇万円を支払うこと……など八カ条の要求を突きつけた。そして春日大社に押しかけている。ちなみに当時の一〇万円というのは、現代なら何十万円、いや一〇〇万円相当だろうか。ちょっと強硬すぎる要求である。

五三年に「奈良市鹿害対策協議会」が発足した。主に奈良市の関係部署（農務課）と春日大社、愛護会、市農協、農家代表などがメンバーである。ナラシカによる被害の調査と防止対策を立てることが目的だった。そして愛護会が農地に出没したシカを公園内に追う活動を行うよう決定した。

その後も交渉は続き、一三戸の農家が、鹿害対策協議会が無力だから解消して奈良県知事や奈良市長、それに観光団体の代表（ナラシカの受益者側ということだろう）も含めて「鹿害防止対策委員会」をつくることになった。補償額は、例年（五二年）と同程度の九万円、また農家の捕獲したシカに対しては金一封を支払うという回答が出された。

奈良公園周辺の農家がシカの害に苦しめられてきたのは事実だが、それは江戸時代から続く話である。また戦後激減したナラシカがようやく回復基調に乗ったとはいえ、戦前の八〇〇頭余りに比べるとまだ少ない。にもかかわらず補償要求が過激化したのは、労働争議などが頻発した世相の反映だろうか。

農家との対立の激化は、その後も続くのだが、一方で奈良観光も活発化してきた。五三年にナラシカの角切りが戦後初めて復活している。また四二年を最後に行われなくなっていた鹿寄せも復活した。天皇陛下やカンボジアのシアヌーク国王、タイの王族が来訪して鹿寄せを楽しんだ新聞記事も散見される。やはり奈良の観光にシカは欠かせないものとして認識されていた。

ところで、この時期、愛護会の職員が夕方になるとナラシカをラッパで追い上げて鹿苑に収容したという記録がある。鹿寄せはそのためだったというのだ。そして朝になると外へ放す。これは保護育成の立場（夜間の密猟や野犬対応か）からということだが、おそらく食害対策もあったと思われる。

しかし六二年頃には取りやめた。夕方にシカが公園にいないのは寂しい、さらに鹿せんべいが売れなくなるという苦情があったかららしい。職員にとって負担が大きかったこともあるという。ただナラシカを夜は閉じ込めていたのが事実なら、農家側の要求を一部取り入れていたことになる。

五四年には白鹿（メス）が生まれて話題を呼んでいる。新聞で名前の募集が行われ、「白ちゃん」と呼ばれるようになった。だが産んだ子どもが車にひかれて亡くなり、通る車に体当たりを繰り返した逸話がある。一七年間生きたが、最後は自分も交通事故で亡くなった。その後も白鹿は幾匹か生まれているが、人に追われて怪我したり、鹿苑に収容したらほかのシカからいじめられたりと、目立つシカにあまりよい話はない。

ともあれナラシカは、再び国際観光都市奈良のシンボルとなった。そして国、県、市、春日大社、愛護会という五つの関係者による保護体制が確立していく。

農家側のシカ害に対する抗議と、奈良観光の目玉となるナラシカ。この正反対の立場の狭間でナラシカは再びクローズアップされていくのである。

## ナラシカは誰のものか裁判

ナラシカの数は、一九六三年に九四七頭を記録した。戦前を超えるレベルになったのである。その後も順調に増え続け、まもなく一〇〇〇頭を超えた。

それに従い食害も増えて、六四年には防護柵の設置や補償金（二〇〇〇万円）の要求などが行われている。そして奈良市東部の食害補償を求める農家たちによって「鹿害阻止農家組合」が結成された。

この組合の要求は、主に愛護会に向けられたのだが、愛護会もその予算規模や人員からして対応は手一杯である。そこで国に援助を求める（六七年）が拒否されてしまう。

六六年の農作物被害に対して愛護会が支払った賠償額は、五一万五〇〇〇円（別に奈良市より一〇万円）となっている。さらに行楽客や市民に与えた傷害の補償額が二三万二九六四円。それに治療費も愛護会で負担している。

そこで七〇年に愛護会は、ナラシカの保護育成を担う団体であり、補償を受け持つのはシカの所有者である春日大社が担当すべき、と申し入れした。もし補償も愛護会が行うべきとするのなら、県や市、春日大社の補助金を増額すべきと求めた。が、三者とも何も動かなかった。

被害農家とナラシカ（を管轄する春日大社、愛護会、加えて国や奈良県、奈良市）の対立はその後も続き、いよいよ訴訟にまで発展する。

これは第一次訴訟と第二次訴訟に分かれる。

第一次訴訟は、七九年三月に公園に隣接した農家一二人が、春日大社と愛護会に対して一四四万円の被害賠償を求めて行ったものだ。これまでも被害への見舞金は出されていたが、それは農協加盟の鹿害阻止農家組合の加入者だけだった。そのため、まったく受け取れない農協非加盟の農家が訴え出たのである。ちなみに組合員は、額は小さいながらも見舞金を受け取っているため訴訟に参加できなかった。

裁判では、単に被害賠償ではなく「ナラシカは誰のものか」という点に焦点が当たった。春日大社か愛護会か。あるいは無主物か。所有権の保持者（ナラシカがもたらす被害の責任の所在）を争うことになったのである。春日大社の主張は「シカは歴史的に神格化されて所有物として見なされてきたが、占有（管理）はしていない。よって賠償責任はない」「奈良のシカを保護してきたが、飼育はしていない」であった。

この訴訟の判決が出る前の八一年九月に新たな訴訟（第二次訴訟）が起こされた。それは被告に国と奈良県、奈良市を加えたものである。その理由として、農家が鹿害に対処しにくいのは、ナラシカが国の天然記念物だからであり、奈良県と奈良市もその申請に加担（要望）をしたのだから、国と県、市にも責任があるとしたものだ。

ナラシカの天然記念物指定の際には、春日大社が所有者として「天然記念物指定申請書」を、奈良市長と市観光協会会長は「要望書」を、県と市教育委員会は「副申書」を書いた経緯がある。そして文化庁の指定の説明書には「国によって指定された天然記念物・奈良のシカを、愛護会が保護育成する。愛護会の活動費に対しては、春日大社は所有者として、また、県と市は、シカが奈良のシンボルであり観光資源でもあるとの立場から財政支援する」と記されている。

ここで春日大社がナラシカを所有物と見なす経緯を追跡しておこう。

まず一九一六年、奈良公園外の畑で死んでいたシカを食べた住民に対し、春日大社はシカの所有権を主張し、裁判を起こしている。そして大審院では、住民に対して春日大社所有の神鹿を窃盗したとして有罪判決を下したのである。その際に「帰巣性があるものだけを大社の所有とする」とした。帰巣性とは、春日大社境内に居ついているという定義だろうか。いずれにしろ春日大社の所有権が認められたという経緯がある。それによってナラシカ（らしい公園周辺に出没するシカ）の捕獲は不可能となった。

また六七年にも、シカを殺して食べた事件が発生し、奈良地方検察庁は当事者を窃盗と文化財保護法違反の容疑で起訴した。ここでも所有権が問題となっている。しかし奈良地方裁判所は、殺されたシカが奈良公園のシカか奥山のシカか区別がつかないとして「窃盗」の部分についての判断を避けた。「公園シカは必ずしも同大社の所有とは言えない」とした。法律上の所有権がどこに属するか決めるのは難しい状況だったのだ。

また裁判中の八〇年に、新聞配達の少年がバイクで通行中にオスジカと衝突、転倒して少年が死亡する事件が起きている。労働基準監督局は、労働災害に認定して遺族に五〇〇〇万円を支払ったが、春日大社に対して事故を起こしたシカの所有者として損害賠償を通告している。しかし大社側は拒否。結局、裁判中のために長引くとした労基局は「求償権」を放棄するのだが、まさに「ナラシカは誰のものか」が問われる事件である。

ところで第一次訴訟時の春日大社側の口頭弁論で、意外な事実がわかった。戦後もナラシカの「譲渡」が行われていたのだ。つまり奈良公園以外の施設や組織にシカを分け与えていたのである。五七年から七〇年までに六回にわたって計五〇頭を他府県の神社に「分与」し、譲渡先から得た収益は大社が受け取っている。うち二回四〇頭に関しては愛護会が春日大社から四〇〇万円を受け取ったことを認めた。その際は、春日大社が総代会にかけて決議している。つまりナラシカを自らの所有物として扱ったわけだ。

この譲渡先について調べると、六四年にナラシカ二〇頭が横浜ドリームランドに送られていた。先に開園した姉妹園の奈良ドリームランドとの関係だろうか。遊園地内にある春日神社に送られたそうである。ちなみに横浜ドリームランドは二〇〇二年、奈良ドリームランドは二〇〇六年に閉園しているが、横浜では閉園後も神社は残りシカを飼育している。

さらに六六年にもナラシカ三頭を京都府の大原野神社に譲渡した。また同じ頃茨城県の鹿島神宮にも三頭送ったという。六八年には福井県小浜市の春日神社に親子のナラシカを送っていることも確認できた。小浜市は東大寺へのお水送りの行事（東大寺にとっては、お水取り）で奈良と深くつながっている土地だ。

ほかにも六七年にはアメリカからナラシカを分けてほしいという依頼があったという記録もある。これは実現したのかどうか定かでない。

「譲渡」は、駆除できないナラシカの頭数を減らす方策の一つとして考えられたのかもしれない。送り先が神社等なのも配慮した結果だろう。しかし二、三頭、多くても二〇頭という数を他所へ移しても、ナラシカの数にほとんど影響がないことは明らかである。

ナラシカ譲渡に関して戦前は強烈な反対運動が起きたのだが、戦後の譲渡話に市民側から目立った反対の声は上がらなかった。ナラシカに対する市民の意識も変わってきたのだろうか。

既述したが、戦前の「ナラシカの分譲」話に関して、春日大社は神鹿は自らの所有物だと主張している。さらに戦後も分譲したということは、同じく所有物とみなしていたことになり、裁判でも重要な意味を持つ。

第二次訴訟において、春日大社はシカの所有権を取り下げた。そして県や市とともに法的責任はないとした。また、これまで払った補償金は「見舞金」であるとした。あくまで歴史的に保護しているだけであって、管理権や所有権はないと主張している。

裁判は、八〇年に奈良地裁が和解勧告（第一次訴訟分）を行った。

原告の求めたのは、ナラシカが公園から出ない方策を考えること、天然記念物の地域指定への変更（「奈良市一円」から「奈良公園内」へ）、そして被害補償の要求額の支払いであった。だが、和解交渉は暗礁に乗り上げて膠着した。とくにナラシカの所有権・占有権の認定について被告側が譲らなかった。

八二年に第一次訴訟が二一回の口頭弁論を経て結審する。

八三年三月二五日、判決が言い渡された。内容は、原告側の全面勝訴である。そこで所有権は春日大社、占有権は愛護会にあると認定された。そして両者に損害賠償の責任があるとして、総額二二五万五〇〇〇円余りの支払い（要求は三三〇万円）を命じた。ちなみに被告側は控訴している。

気になるのは、「適正頭数をかなりオーバーしているのは、両被告の管理面に落ち度があったから」としていることだ。頭数制限を暗に促しているように読み取れないか。

八四年、第二次訴訟に関して和解勧告が行われる。これが転機となった。

翌年、まず国が被害農家と和解を成立させる。次に奈良市、春日大社、愛護会と農家側も和解を成立させた。奈良県は「利害関係人」として参加した。内容は、愛護会が単独で約二三〇万円の解決金（見舞金と呼んでいる）を支払うことであった。もっとも愛護会に潤沢な資金があるわけではなく、結果的に大社や県、市、そして市民などから寄付や補助を求めるようになったのだろう。

なお春日大社はナラシカの所有権を主張せず、以後は野生動物、無主物という扱いになった。また、この和解によって第一次訴訟の控訴も取り下げられた。

この裁判（和解）で画期的と言えるのは、国が天然記念物の指導保護基準を明確にしたことであった。言い換えると保護と捕獲の線引きをしたのである。

文化庁は裁判和解成立後の記者会見で、「捕獲基準を明確にしなかったのは、ミスと言われてもやむを得ない」と発言している。そして改めて定めたのは、四つの区分である。
A　奈良公園の平坦部（寺社の境内や市街地など）
B　奈良公園の山林部（春日山原始林など）
C　AB双方の周辺地域（バッファーゾーン）
D　その他の地域
大雑把な言い方をすると、AとBでは従来どおりナラシカは保護される。C、Dでは捕獲や駆除も許される、という基準である。

これにて、長年の係争も解決した……のだろうか。

## 世界遺産・春日山原始林の変貌

これまで触れてこなかった問題がある。裁判でも俎上に乗らなかったシカの害だ。

それは森林植生へのインパクトである。つまりシカが森林の地表に生える草や樹木の枝葉を食べ、さらに樹皮の剝離などを行うことによって、植生を劣化させている問題である。人間が生産している農作物を食すことの被害は金銭に置き換えやすい。あるいは直接人間に加えられる怪我などの危害もわかりやすい。しかし自然そのものへの影響は目に見えにくい問題であり、法的な判断が成されづらい。


ナラシカが植生に与える影響というのは、広く棲息地全般にあるわけだが、もっとも重要かつ問題となったのは春日山原始林である。その点を中心に考えたい。

まず春日山の歴史と自然について簡単に触れておこう。

春日山の正式名称は、御蓋山。春日山は通称である。いくつかの連山となっているが、原始林のあるのは前山と呼ばれる春日大社に向き合う西の部分だ。春日大社のみならず興福寺にとっても聖地であることはすでに紹介した。八四一年に春日大社の神域として狩猟や伐採、そして一般人の侵入を禁止した。それが原始林と呼ばれるように人為の加わらない植生が維持された理由である。春日山を周遊する道を歩けば、滝や渓流が目に止まるほか、巨木が林立しているなど豊かな森が見られるだろう。

もっとも完全に原始のままではない。伐採が幾度となく行われており、豊臣秀吉が春日山にスギを一万本植林したといった記録もある。また林内に春日大社の社などもあり、人が出入りしていたのも間違いない。だからそこそこ人の手が入っているのだろうが、きわめて原生的な自然が残されているため「原始林」と呼ばれるのだ。

春日山は、一九二四年に国の天然記念物、五五年に国の特別天然記念物の指定を受けている。原始林部分は約二五〇ヘクタール、標高四九八メートルだ。九八年には、奈良の世界文化遺産の一つとして登録された。天然記念物の森、世界遺産の森は全国にいくつかあるが、これほど都心部に隣接していることはきわめて特異で誇るべきものだろう。

なお春日山の裏側（東側）に当たる部分を花山と呼ぶが、ここでは寺社で使うサカキやシキミ、それに薪も採取されてきた。興福寺僧徒も「花山遊覧」していたというから、人は結構入っている。

明治になって奈良公園を設立した際は、この花山、そしてさらに東側の芳山から木材を伐り出して公園維持費を捻出していた。また近隣住民も薪や柴を伐り出していたようで、かなり荒れていた。そのため二度にわたる改造計画が出されて、ここにスギとヒノキを植林し、吉野林業と同じ手法の森づくりが行われている。一部は伐られたが、今も樹齢一〇〇年以上の立派なスギ・ヒノキ林は残っていて、近年は神社仏閣の修繕などに使う檜皮《ひわだ》を調達する場に指定されている。

ちなみに隣の若草山も、奈良時代の絵図には春日山同様の森林が広がる様子が描かれている。現在

現代の若草山。新春の風物詩・山焼きがナラシカに餌を供給している。

の若草山は山焼きが新春の風物詩として知られる芝生の山だが、当時は春日山と連続した原始林に覆われていたのだろう。

若草山は、一七六〇年に興福寺と東大寺の境界線争いを解決するため、樹木を全部伐って毎年火入れされるようになったと伝わる。しかしそれより二〇年前の文献にも、「昔から正月明けに火を入れていた」と記されている。山焼きの起源はもう少しさかのぼるようだ。いずれにしても山焼きのおかげで若草山の植生はノシバとススキになり、ナラシカの重要な餌場になったのは間違いない。つまり江戸時代中期にナラシカの餌場が増えた。若草山がなければ、ナラシカの頭数も変わってくるのではないか。

さて春日山の森の植生は、全体として照葉樹林である。暖帯南部の植物が非常に多い。主な樹種はコジイ・アラカシ・イチイガシ・アオガシなどシイ・カシ類のほか、温帯性のホオノキ・タラノキ・リョウブ・クマノミズキ・ウリハダカエデ・シナノガキ・イモノキなどの落葉樹も混在している。さらに暖地性シダや蔓性植物も群生している。

ちなみに現在はナギが増えている。ナギの葉は広いが葉脈が直線状なので針葉樹の仲間とされるが、サカキの代わりに神事に使われる神聖な木として扱われてきた。ただし、国内移入種である。移入された時代は古く、平安時代に春日大社へ献納されたとされる。どこから移入されたのかはわかっていない。現在は境内に広がっており、約九・三ヘクタールのナギ林は国の天然記念物として指定されている。ただ近年は、原始林の中にも増殖して既存の植生を圧迫している。

また同じく移入種のナンキンハゼも増えているが、こちらは街路樹に植えられたものが増殖したようだ。ナギは移入とはいっても国内産だが、ナンキンハゼは国外種だ。奈良公園には昭和初期に導入されたようである。

なおナラ枯れ（カシノナガキクイムシがナラ属の木に穴を穿《うが》ち枯らす現象）が起きており、コナラやクヌギ、アベマキといったナラ系統の大木が軒並み枯れている。この虫が狙い撃ちするのは太い木なのである。これも原始林の植生を変えていくだろう。

さて、一〇〇〇頭を超えるナラシカの多くは、春日山をはじめとする森林部分で夜を過ごす。単に眠るだけでなく、草木を食べる。シカは一頭当たり一日五キロの草を食べるというが、それが一〇〇〇頭にもなれば植生に与える影響はすさまじいことになる。

結果として林床の草はもちろん、シカの口が届く高さには、枝葉もなくなる。春日山原始林内の遊

飛火野で見られるディアライン。シカの口が届く高さまで葉がない。

歩道を歩くと、高みにはこんもりした樹冠が空を覆っているのだが、林床つまり森の中の地表部分には茂みが少ない。草が生えていないだけでなく、稚樹や低木もほとんど見当たらない。だから見通しがよいのだ。この理由は、シカが食べてしまうためだろう。シカが草木を食べることで一定の高さまで植物の枝葉がない線を、ディアライン（ブラウジングライン）と呼ぶ。それが結構如実に見える。

さらにドングリも好物だ。ドングリはコナラやクヌギなどの落葉樹だけでなく、照葉樹のシイ、カシなどもつけるが、それをシカは全部食べてしまう。すると次世代の木々が育たないわけである。

高木に対しては、樹皮を剝いで食べる。これは草や枝葉のようなおいしい餌がなくなったから仕方なく……というわけでなく、緑のあふれる夏でも行うから、シカにとって樹皮は嗜好物なのかもしれない。人間で言えばお菓子や酒、タバコのようなものだろうか。しかし幹の周りの樹皮をきれいに剝がれたら、木はやがて枯れるだろう。

幸い春日山では、シカに樹皮を剝がれて枯れたという被害はわずかなようだ。しかし高木・大木とは高齢樹木であり、いつかは枯れる。その際に次世代の若い木がなければ森林として劣化していくことが予想できる。

このようにシカが春日山原始林の植生に大きな影響を与えていることがわかってきた。この状態を「天然記念物が、世界遺産を食べている」と言われることもある。

ところで、動物層について気になることがある。春日山にはシカはもちろんのこと、昆虫や小型哺乳類の多様な種類が見られる。ただニホンザルやキツネの目撃例はきわめて少ない。タヌキも少なく、アナグマの棲息記録はほぼない。逆に外来種のアライグマが増えているらしい。またムササビはかなり多い。ノネズミでは、アカネズミはよく見つかるが、ヒメネズミは少ないという。

どうやら春日山に棲む哺乳類は種類が偏っているようだ。棲息数もシカとムササビが多いが、その他の種類は少ない。なぜ偏るのだろうか。その理由は、やはりシカのせいではないかと想像できるのだ。つまり林床の草や低木がなくなることが、地表で生きる動物の棲息に影響を与えているのではなかろうか。

なお林内には国の天然記念物に指定された「ルーミスシジミ生息地」もあるが、ルーミスシジミは長い間確認されていないという。昆虫層にも変化は起きているのだろう。

そのため春日山の森林生態系の状況に憂慮する研究者からは、ナラシカの数を減らすよう主張する声も強まっている。このままナラシカの数が多くなると、春日山原始林の生態系が狂うというのだ。現在の動植物の生息・成育に問題があるだけでなく、森の将来も危うくすると考えるからである。

ここでナラシカの食べるものについて改めて考えると、じつは餌に占める比率は、農作物や鹿せんべいなどはそんなに高くない。ナラシカの主食は、芝生（主にノシバ）だとされる。奈良公園には若草山に飛火野、春日野など広く芝生に覆われた土地がそこかしこにある。この草原部分がナラシカの主な餌場であることは間違いない。常にシバをついばんでいる姿を目にする。

ちなみに奈良公園の維持に芝刈りをする必要はない。全部、シカの口が刈り取っている。県庁周辺の前庭や街路の路側帯などに生える雑草もたいていきれいに食べて景観を保ってくれる。

シカは芝刈りするだけでなく、糞を昆虫に地中に引き込ませて芝生へ栄養も供給している。ゴルフ場やグラウンドなどでは、芝生の維持に莫大なコストをかけている現実を見ると、シカが負担してくれるこの労力に、もう少し価値を見出してもよいかもしれない。と、シカの食欲を擁護したい気持ちもある。

それはともかく、芝生だけでは足りない部分を、鹿せんべいのほか森林の植物、ついでに農作物で補っているのだろう。

春日山原始林は、ナラシカにとっては就寝の場でもあるが、一定数のナラシカは昼も森から出ずに過ごす。完全に生活の場としているわけだ。それは森を餌場にもしていると言える。それが度を越すと、森林の生態系を劣化させてしまうのだろう。

これをいかに止めて、自然環境を維持するかは悩ましい問題である。

## 天然記念物指定方法の批判

「ナラシカは誰のものか裁判」では、結果的にナラシカの定義自体に悩まされることになった。繰り返してきたとおり、動物としてのナラシカは、ニホンジカの中の亜種ホンシュウジカにすぎない。希少性はない。どころか、全国で増えすぎて困っている。

一方でナラシカは生息地指定の天然記念物ではない。管轄する文化庁では「『奈良のシカ』とは、主に春日大社境内、奈良公園及びその周辺に生息し、古来、神鹿として春日大社と密接にかかわり、人によく馴れている等の……シカという意味である。その生息する場所（地域）を特定して制限を加えたものではない」としている。

じつは天然記念物の指定に出された申請書では、春日大社と奈良市の要望書で具体的な指定範囲と面積を記入していた。しかし県は、指定地域から出た途端にシカが保護されなくなるのはよくないと指定範囲を示さなかった。あくまで奈良市（都祁村、月ヶ瀬村との合併以前の旧奈良市）一円としたのである。結果的に県の言い分が通ったわけだが、それが現在に至る農作物被害問題に響いているわけだ。また大社と市は、裁判後はナラシカの問題に対して引いた立場を取るようになった。

ここでナラシカは「放し飼い」なのか、野生状態なのかという点も問題となる。農家側は「放し飼いを止めて、奈良公園内に閉じ込めろ、そのための柵を築け」という主張をする。それに対して春日大社側は、野生動物だから手を出さないとした。とはいえ大社も一度は境内に柵をつくる案を検討したそうだ。明治期、そして戦後の一時期も夜の間は施設内に閉じ込めていたことは既述した。シカの宗教的価値だけを求めるのなら、「柵の中のシカ」でもかろうじて守れることになる。

だが、県はシカが自由に闊歩していなければ観光的景観が台無しになると反対した。

私もそう思う。境内に囲われたシカを見ても、動物園の亜流にしかならない。仮に柵の扉を開け閉めして人が中に入るとしたら、それは公園や寺社の境内としても、どうかと思う。寺社の境内に留まらず、道路や学校、時には商店街や住宅地まで普通に歩いているシカを見て、これこそ奈良の景観だ、と感じるのだ。そして時に触れられる、並んで写真も撮れる存在である。さもないと現在のようなナラシカ人気は生まれなかったのではないか。これは観光だけではなく、文化的価値、奈良のシンボルとしての「シカのいる風景」だと思うのである。

一方でシカの食害対策として考えられるのは「頭数制限」と「補償」だ。裁判においても原告側の要求はそこに向かった。シカの数を増やすな（減らせ）、被害に対して補償金を支払え、というわけだ。

しかし、頭数制限とは何をどうするのか。奈良公園内はもちろんだが、公園外に出たシカも天然記念物指定であるならば駆除はできない前提で考えると、手段が限られる。

そこで天然記念物指定を地域指定にするべきという考え方が出てくる。シカそのものでなく奈良公園一帯というような地域に限定して指定し直そうというものだ。それが実現すれば「指定された地域を出たシカ、とくに農地に出没したシカは天然記念物ではなくなるから駆除できる」という論理が成立する。

特別天然記念物の種指定であるニホンカモシカは、増えすぎたことから保護地域を設定して、そのほかの地域では駆除を可能にした実例がある。いわゆる環境庁（当時）、林野庁、文化庁の「三庁合意」である。まだ全国の保護地域の設定が終わっていないので、法的には種指定のままだが、事実上の地域指定への変更である。

だが、これがナラシカの場合難しいのである。

なぜなら地域指定のためには、該当地域のすべての地権者の同意が必要なのだ。山野ではなく市街地となると、地権者が果たして何人いるのか、彼らが全員同意する可能性を考えたらどれほど年数をかけても無理だろう。また土地の境界線の確定問題も絡んでくる。じつは奈良県は地籍の確定がもっとも遅れている都道府県である。とくに歴史的に複雑な権利関係を抱える市街地の境界線を確定させるのは厳しい。加えて相続などを含めた未登記問題も横たわる。県は、その点から「地域指定」への変更を事実上不可能としている。ただカモシカのような「保護地域の設定中」というような裏技もあるのかもしれない。

結局、可能なのは補償問題だけになってしまうのだが、これも財政的な縛りがある。春日大社も愛護会も、求められている金額に対して満額を負担するのは無理だろう。金額の設定も難しい。それに補償金（見舞金）を支払い続けることが本当の問題解決とは考えにくい。このようにナラシカの管理は多くの壁に阻まれているのだ。

奈良県は二〇〇八年一二月にナラシカの管理に関する検討会を設置した。「奈良の鹿あり方検討会」である。メンバーは、奈良市や春日大社、奈良の鹿愛護会、そのほか有識者である。この検討会を設置した意図を、当時の担当者は次のように語る。

「シカの食害は公園周辺の田畑だけでなく市中心部の家庭菜園にまで拡大しています。このままだと『シカを駆除しろ』との声が今以上に強まる。一〇〇〇年間、なんとか続いてきた人とシカの共生がいよいよ難しくなってしまう。そうなる前に、有識者や市民から意見を聞き、奈良のシカの保護管理計画の方向性を考えるために『あり方検討会』を設けたのです。科学的なシカの管理計画をつくるための委員会は別に設置しますが、その前の方針を固めるためのものでした」

そして一二年に結論をまとめた。それを一言にすると、奈良公園の外のシカの駆除を認めるものである。公園内のシカは保護対象だが、そこから出て農地などを荒らすシカは対策を取ってもよいのではないか、という意見に集約された。

だが、それを朝日新聞が報道したことで混乱が起きる。

見出しは「奈良のシカ、県が駆除検討　公園外の食害絶えず」。

記事の冒頭は「奈良県などは、奈良公園を離れて周辺の田畑で農作物に繰り返し被害を与えたり、周辺の山にすみついたりしている鹿の一部を駆除する検討を始めた」と始まる。シカが増えすぎて農地や人家の庭まで荒らすようになったから、頭数管理を行うことになった……という内容である。本文を読めば、駆除対象とするのは公園外と記されているのだが、肝心の添えられた写真が奈良公園のシカだった（二〇一二年一一月九日付け朝刊奈良県版。一二日には全国版にも掲載された）。

本文の内容は間違っていないが、このタイトルと写真を見ただけの読者は「奈良のシカ、県が駆除」の部分に目を引きつけられるだろう。もしかしたら本文を読まずに判断した人もいるかもしれない。奈良公園内のシカの写真を使ったのは、単に新聞社の手持ちがそれしかなかったのかもしれないが、軽挙だったと思う。

案の定、あっという間に誤読が広がった。多くの人が、奈良県はナラシカを駆除するつもりだ、と思い込んだのである。そして抗議の声が広がったのだった。

記録によると、全国版に掲載された一二日だけで、一〇〇本以上の抗議電話が県に殺到したそうだ。その中身は「シカを殺すな」「撃つな」の大合唱である。電話は日本全国からだそうだ。とくに「つぶらな瞳のシカを殺すなんて、けしからん！」といった感情的なものが多かったという。

なかにはこんな内容もあった。

「（自分の住む）地元はシカを害獣として殺しているが、奈良だけは守ってくれ」

すでにシカは全国の農山間部では害獣として認識が広まっていたし、駆除も広く行われていた。電話主はそのことを知っているわけだ。しかし、ナラシカに対しては別の思いを持っていたということになる。地元でシカを駆除するのは認めて、奈良県には殺すなと言うのはどうか。神鹿としての歴史を知っているのか、やはりナラシカに特別な目を向ける人が多いことが想像できる。

ほとんどがこの類の〝抗議〟だった。記事は、増えすぎて奈良公園から外に出たシカの対策をしようという意味だったのに、まるで奈良公園が狩猟場になるかのような反応。

「朝日新聞には訂正の記事を出すよう、抗議しました」というが、正確には読者の誤読であり、記事自体は間違っていない。ただしタイトルや写真には一考の余地があるだろう。そもそも検討会は何のために何を検討していたのか、記者が背景を十分に理解していたようには思えない。

だが、業務に支障が出るほどの抗議電話に、県は検討会の結論を当分の間、凍結することにしたのである。

じつは前段がある。この検討会の答申が出る一〇年ほど前に奈良県と奈良市がナラシカの管理計画をつくろうとしたことがあったそうだ。すると、どうしてもシカの頭数管理が課題となる。その際にどこが担当するのか。県も市も進んでやりたいことではない。駆除という言葉が出たら、大騒動が起きることは当事者なら想定できた。だから、誰もが及び腰だったわけだ。そして検討そのものが雲散霧消した。ある意味、お役所的な反応だが、それほどセンシティブな問題であったのである。

今回は、いよいよ対策を取らねばならないということで、県が重い腰を上げたわけである。まず有識者を集めて「あり方」を検討してもらうという周到な準備をとった。そこで、やはり「駆除を含めた対策」が必要という結論を出して、これを基に専門家が科学的・技術的に頭数管理の方法を決めていく……はずだった。

が、世間の反応はその〝配慮〟に気づかなかったようである。ナラシカは、アンタッチャブルな存在であり続けるのだろうか。

## ナラシカ管理計画の始動

ナラシカの頭数管理計画は、「あり方」を表向きは凍結したと言われたが、じつは粛々と策定を進めていた（そうである）。

「奈良のシカ保護管理計画検討委員会」が設けられたのは、二〇一三年一二月。こちらは県や市の関係部署の職員、愛護会、シカ相談室、鹿サポーターズクラブ、鹿害阻止農家組合に加えて動物関係の専門家が入った有識者会議だ。オブザーバーに春日大社や文化庁調査官も入っている。組織名称に保護が入れられ、目的は「保護に重きを置いた施策を進めるため」と記されているのは、世間の〝誤読〟の声に配慮したのだろうか。

検討会は、さらに全体構想検討、人身事故対策、農林業被害対策の三つのワーキンググループ、そして管理計画検討のワーキンググループが設けられた。

ところで、この委員会のメンバーに奈良教育大学の鳥居春己特任教授がいる。「はじめに」で触れた、私が学生時代にお世話になった研究者である（じつは前田喜四雄氏も、奈良教育大学に赴任していた）。そして奈良に来てからの鳥居氏の研究対象の一つがナラシカであった。おかげで私は取材を通して再会したのである。

それはともかく、これらのグループが紆余曲折を経てまとめた管理計画とはどのようになったのか。報告書から見ていこう。

各グループの意見を基に「奈良市ニホンジカ第二種特定鳥獣管理計画」がまとめられたのは、二〇一七年四月。まどろっこしい名称を使っているが、奈良公園のシカと公園外のシカを区別しつつ包含するために「奈良市ニホンジカ」と呼んだのだろう。

また第二種特定鳥獣とは、環境省が定めた管理を必要とする動物の区分である。具体的には「その生息数が著しく増加し、又はその生息地の範囲が拡大している鳥獣」という定義に寄っている。簡単に言えば、増えすぎたことが問題の動物である。ちなみに第一種は棲息数が著しく減少し、生息地も縮小している鳥獣を指す。

報告書によると、計画の目的は四つ。

（1）天然記念物「奈良のシカ」個体群の健全な維持
（2）農林業被害の軽減及び被害地域の拡大抑制
（3）森林生態系への影響抑制
（4）生活環境被害の軽減

農作物の食害の対象には、稲と野菜類のほか、カキ、茶、それに花卉《かき》類も報告されている。また正確には林産物のシイタケも含まれる。

そして「管理すべき鳥獣の種類」としてニホンジカと明記している。ただ、そこに※印の説明書きがあり、次のように記す。

「天然記念物『奈良のシカ』（奈良市〔平成一七年四月の合併前の区域〕一円に生息）のうち、保護管理のための地区区分のD地域に生息するもの」

ここでいう地区区分に関しては、裁判の和解で示された項目を思い出してほしい。

A　奈良公園の平坦部（寺社の境内や市街地など）

B　奈良公園の山林部（春日山原始林など）

C　AB双方の周辺地域（バッファーゾーン）

D　その他の地域

本来の意味でいうナラシカの生息場所は、AとBである。当然、保護対象とする。Cはバッファーゾーンとしてナラシカと公園外のシカの区別がつかない場所と規定し、手をつけない（当面、保護することになる）。そしてDでは捕獲や駆除も許される……という基準だった。なお、この管理計画では、和解条項の区分と比べると少し境界線を変更して地域を広めているが、もともとシカが棲息しないところを除くと、基本的に奈良市街から東の大和高原を含む山間部と見てよいだろう。

ともあれ実質的にABCを保護地区、Dを管理地区と整理した。ここでいう「管理」とは、頭数管理を行うという意味である。さらにAを重点保護地区、Bを準重点保護地域、Cを保護管理地区とし

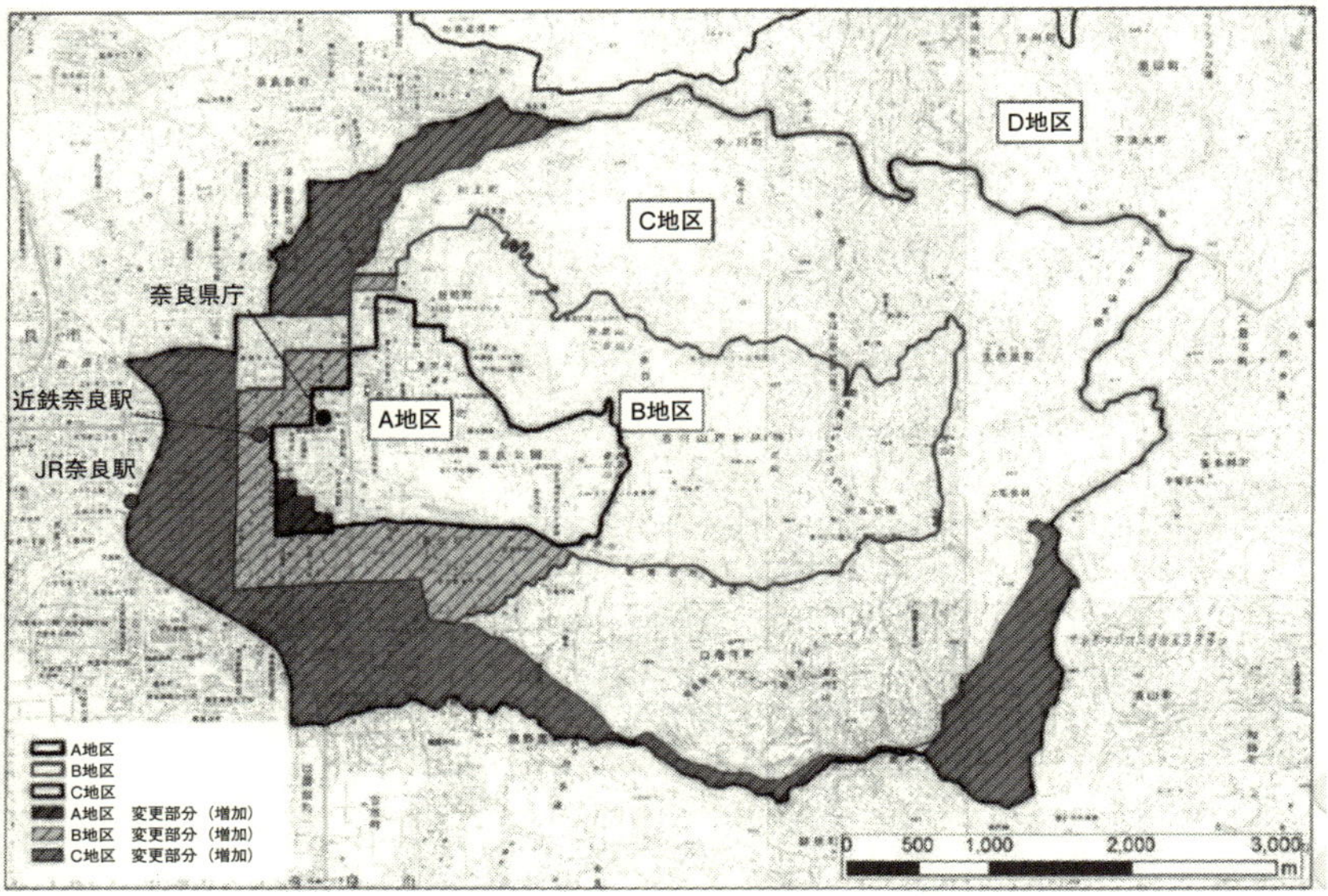


<table>
<tr><th colspan="2">保護管理区分</th><th>地区区分</th><th>地区区分の位置づけ</th></tr>
<tr><td rowspan="3">保護地区</td><td>重点保護地区</td><td>A地区</td><td>春日大社境内等、古来、春日大社の神鹿として保護されてきた歴史的経緯を踏まえた、天然記念物指定の趣旨に合致する保護すべき「奈良のシカ」（以下、保護すべき「奈良のシカ」）の、保護の中心地域。</td></tr>
<tr><td>準重点保護地区</td><td>B地区</td><td>春日山原始林および重点保護地区周辺の市街地等、保護すべき「奈良のシカ」の主な行動圏となる保護地域。</td></tr>
<tr><td>保護管理地区</td><td>C地区</td><td>保護すべき「奈良のシカ」の分布周辺地域。「準重点保護地区：新B地区」と「管理地区：新D地区」との緩衝地域として、保護を中心としながら、農林業被害状況に応じて柔軟な対応を行う。</td></tr>
<tr><td colspan="2">管理地区</td><td>D地区</td><td>保護すべき「奈良のシカ」と人との共生を目指す地域。第二種特定鳥獣管理計画により管理を行い、農林業被害防止を図るとともに、「奈良のシカ」の保護の強化に寄与する。</td></tr>
</table>

上：奈良のシカ管理４区分見直し後の地域図
下：「奈良のシカ」の新たな保護・管理地区区分の位置づけ（第４回「奈良のシカ保護管理計画検討委員会」資料より）

て位置づけている。ただCの位置づけがBとDの間の緩衝地域であるからには、やがてDと同じ管理が必要になってくるはずだ。

なおD地区の説明には「保護すべき『奈良のシカ』の保護を強化するための管理を行いながら、農林業を含めた地域との共生をめざす地区として位置づけた」とある。

またもや、まどろっこしい表記である。いかにシカを単に駆除するのではない、中心部のナラシカの保護のためだと強調することに腐心したのかを感じさせるが、これも世論に対する配慮か。

ちなみにD地区の面積は、一八四平方キロメートル。ほとんどが山間部である。寺社仏閣と芝生の広場が広がる奈良公園の雰囲気とはまったく違う農山村の景色が広がっている。昔から、この地域のシカは神鹿扱いしていなかった。ただ天然記念物指定した際に発生したアヤフヤさが招いた混乱を整理するための設定だろう。ちなみに、この地区の農家は鹿害阻止農家組合に加入していないため、補償金や防護柵設置の補助がないなどの違いがある。

いずれにしろ、県は従来の（旧）奈良市全域という保護区域の指定を、ABC地区まで絞り込んだのである。

ちょっと注目したいのは、分布状況だ。一九九八年、九九年の調査では、ナラシカは孤立した群れだったという。奈良公園周辺に、ほかのシカの群れは確認できなかったのだろう。それが二〇年近く経って奈良県全域にシカの生息が増え、山添村や旧都祁村（合併して現在は奈良市）、それに奈良市に隣接した京都府の木津川市や笠置町まで野生シカの生息が確認されるようになった。

となると、これらの地域の群れから離れた個体が奈良公園内に入ってくる可能性もある。京都府内のシカとナラシカは、遺伝子的に差異が大きいことは調査で確認されているが、もしかしたらナラシカに新しい血を持ち込んでいるかもしれない。

一方でD地区で見られる（農作物に被害を与える）シカが、いわゆるナラシカと同じかどうかも怪しくなる。D地区には約一九〇〇頭（推定中央値）のシカが生息するとされているが、ナラシカ（A地区の生息数約一二〇〇頭）とは血統が違うのかもしれない。あるいは過去にナラシカが拡散した際に居ついたシカの可能性もある。

二〇一七年五月、文化庁からD地区の田原と東里の二地域に限って文化財保護法の「現状変更」の許可を受けた。これによって一七年八月一日から翌年三月一五日までに一二〇頭を上限に捕獲できることになった。箱ワナを二六基設置し、捕獲作業は猟友会に委託した。捕獲したシカは殺処分後に研究機関で年齢や栄養状態など生態を調べる計画だ。

ただ捕獲状況はかなり低調だ。三月一五日に一七年度事業を終了したが、結果は一九頭（オス一四頭、メス五頭）だった。一八年度は対象地区を六つに広げて継続するという。上限は同じ一二〇頭を予定している。

「地元の住民からシカを見かけることは減ったという声もありましたが、被害はなくなっていません。今後も被害軽減に取り組みます。また箱ワナだけでなく、くくりワナも試してみることになりました」（奈良公園室の藤岡三貴子主任主事）

とはいえ、仮に一二〇頭の捕獲を毎年成功させても、シカの繁殖力ではすぐに回復するだろう。つまり生息数を減らすことで獣害を減らす、という一般的な理解は間違いだ。

「狙っているのは、農地に近づいた仲間が捕まったことをほかのシカに学習させる効果。農地に近づくと危険だと学ばせて、農作物を食べるのを諦めることを期待しています」と、委員として計画に携わった鳥居特任教授は言う。

前章で記したとおり獣害対策は「駆除」だけ実施しても効果は薄い。「防護」と「予防」を組み合わせる必要がある。とくにD地区では防護が重要だろう。

奈良市は一九八七年から農家に防護柵を設置することに対する補助事業を始め、約三億円を支出して延べ四六キロの柵が設けられている。自前で設置した柵を加えると、もっとあるだろう。ただしメンテナンスせず放置されるケースもあるから、現在すべて機能しているとは限らない。また対象は主にC地区だ。奈良市の補助金もD地区の農家には出ていない。農家に対する行政の対応が違うのは、鹿害阻止農家組合に入っているかいないかで決まる。

一方で農業者の高齢化が進み、耕作放棄も進んでいる。農地が減れば農業被害も減るだろうから、事業の効果を読み解くのはなかなか難しい。

なお、これまで記した管理計画の実行は、D地区に増えすぎたナラシカ対策だが、将来的にはバッファーゾーンであるC地区も行わねばならなくなるだろう。

そして同時に、第一種特定鳥獣（希少性などで保護が必要な鳥獣）の管理計画も課題として上がってくる。こちらはＡＢ地区のナラシカを守るのがテーマである。

とくに課題は、交通事故の発生をいかに減らすか。交通事故で毎年一〇〇頭近くが亡くなっているだけに重要だ。赤信号で止まるナラシカばかりではない。奈良公園近隣を走る車のドライバーへの注意喚起のほか、夜間対策も考えねばならない。

一方でナラシカの傷病対策は、まず紙やビニールなどを食べないようにすることだ。こちらも公園内のゴミをなくすことが最大の対策である。もう一つ検討されているのは、人がナラシカに鹿せんべい以外の餌を与えることを禁止する措置である。観光客だけでなく、地元の住民への周知徹底が肝となる。そのほかナラシカによって人が怪我を負わないような防止策も必要だろう。

こちらこそ、本来のナラシカ対策だ。ともあれ一〇〇〇年続く人とシカの共生をいかに持続するか。なかなか答えは出ない。

# 第7章　神鹿と獣害の狭間で

## 神鹿になりそこねた宮島のシカ

これまでナラシカの歴史と現状を追ってきた。ナラシカを神の使いとして宗教的な観点から保護して、街の中を闊歩する状態をつくり上げただけでなく、妊娠から出産、そのほかシカの怪我や病気に対応する組織があるのは奈良ならではだろう。一方でシカの食害や観光客の怪我などに悩まされるなど、共生の難しさを露呈している。

そこで視点を変えてみたい。奈良市以外にもシカもしくは野生動物と対峙している地域は結構ある。それぞれ農作物や森林植生に対する食害に頭を悩ませる一方で、信仰対象とする、あるいは観光に利用するなどの模索も行われている。そんな地域では、どんな対応をしているのか目を向けてみよう。野生動物と人間の共生について考える際の参考になるのではないか。

シカが市街地に出てきて人に馴れているというと、奈良公園以外で有名なのは宮島だ。広島県廿日市市の宮島は、世界遺産となった厳島神社で有名だが、フェリー乗り場から神社に向かう参道にシカが群れていることが多い。それらのシカは人に馴れていて、触られても平気だ。観光客もそれを喜ぶ。いわばミヤシカ状態。

さては宮島でも厳島神社の神鹿扱いか、と思いがちだが、じつはそんな伝統はなかった。シカ自体は昔から島に多くいて人家にも近づいていたようだが、常に街に出没して我が物顔に歩いていたわけではない。はっきりした記録は見つからなかったが、戦後になって宮島の観光振興のために住民がシカに餌を与えて市街地に誘導したらしい。つまりナラシカならぬミヤシカづくりに取り組んだのだ。そして鹿せんべいの販売も行った。奈良の鹿愛護会に近い組織をつくろうとしたこともあるそうだ。

シカを市街地に誘引することには成功した。シカは、厳島神社の周辺に出没するようになった。観光客の人気者にもなった。

しかし、人とシカの共生はうまくいかなかったようだ。厳島神社にシカを神の使いとする伝説はなかったので、住民や神社側に宗教的パッションは持てなかったのだろう。

そのうえ神社周辺に十分な餌となる草やシバがあるわけでもない。むしろ餌付けをして集めたためシカへの給餌が課題となった。さらにナラシカと同じく、怪我や病気になったシカを保護できるか、観光客が怪我をした場合にどう対応するか、次々に問題が出てくる。一時期町有地に囲い込んで飼育したら、餌代が年間数百万円もかかったという。

結果的に増えすぎた宮島のシカは、やがて餌を求めて街路や民家の植え込みの緑を食べ荒らすようになり、さらにごみ箱の残飯をあさるようになった。

宮島町（当時）としては、愛護会組織の設立もうまくいかず、シカを観光に利用することを諦めた。だが、一度居ついたシカは意外と街から離れない。シカの頭数を少しでも減らそうと約二〇年前にオスとメスを分離して繁殖できなくしようとしたが失敗。そこで「分譲」も考えた。各地の小学校やミニ動物園に譲渡したこともあるそうだが、とてもシカの数を制御できない。

その頃、私も宮島を訪れている。一九九七年だったが、宮島のシカ目当てだった。そして、ごみ箱に頭を突っ込んで弁当の残飯を食べているシカを目撃している。これは重傷だ。役場で話を聞くと、町がシカの引き取り手を探しているという新聞記事が載ったところ、どこぞの施設から「着払いで送ってくれ」という依頼が来たという。もちろん、そんな簡単なことではない。

二〇一七年の報告（前年調査）では、島（約三〇〇〇ヘクタール）のシカ生息数を六〇〇頭余りと推測している。そして市街地（島の北東部）では、平方キロメートル当たりのシカ密度が一〇〇頭以上という推定が出た。ただ実際のシカの分布は市街地中心部に偏在しているので、もっと高いだろう。一〇頭超えたら植生などに影響が出ると言われる中で、かなり危険な状態だ。

ちなみに島の人口は一六五六人だが、農家は数軒しかない。それも果樹（ブドウ）が中心なので、農業被害は問題になっていないそうだ。

一方で観光客は、以前は二〇〇万人に届かなかったが、世界文化遺産に指定されてからは急激に伸びた。二〇一六年で四二七万人。毎年一割増のペースなので一七年は四七〇万人以上だった模様である。外国人客も多い。

そしてシカに対する苦情が増えてきた。角で突かれた、餌をやろうとしたら体当たりされた。噛みつかれた。ごみ箱あさりがみっともない……。一方で観光客がシカにスナック菓子や紙を与えるケースも増えてきた。そうでなくとも、購入したお菓子をぶら下げて歩くと、シカに食いつかれる。これはシカにとってもよいことではない。

そのため奈良に倣って角切りを実施するようになった。毎年一〇〇~一二〇頭ばかりのオスジカを確保して角を切る。これは当初市の職員がやっていたが、今は広島のＮＰＯに委託するようになっている。

とりあえずシカを市街地から追うことになった。さすがに銃で駆除はできないから、まず兵糧攻めで寄りつかなくすることになる。まずは鹿せんべいの発売を中止させた。そして観光客の餌やりを規制すべく、看板を立てる。ごみ箱も蓋付きに変えた。港のターミナルビルのごみ箱は、底を抜いて地下に落ちるダストシュート式に改造した。

さらに港のフェリー乗り場に毎日何頭もシカが入ってきて、そのたびに追い出さねばならなかったので、動物を追い払う装置を出入り口に設置した。超音波とサイレン、光などを断続的に出す外国製の装置である。おかげで、今は一週間に一頭くらいになったという。ゼロではないところに、シカのしぶとさを感じる。

島民も鹿戸（シカは入れないよう工夫した引き戸）や庭に柵を設けてシカの侵入に備えるようになった。植え込みは、シカが食べないアセビなどを植えるようにしている。

住民や観光客がシカに餌を与えることは、徐々に減っている。シカの個体数は減っていないが、市街地で観察される頭数は減少傾向とされている。とくに夏から秋に市街地付近で観察される個体数が減少してきた。餌がもらえないから森に帰ったのだろうか。だが森に餌となる植物が減る秋から冬は、また市街地に出てくるのかもしれない。

面白いのは、担当職員の言葉だ。

「イノシシを捕まえる箱ワナにシカがかかるケースも多いんです。その場合は、逃がしています。イノシシはすぐに駆除するんですが、シカはできないですね。やっぱり世間の目もあるし、可愛いですから」

この感覚は、シカゆえだろうか。

## もう一つのナラシカ・大台ヶ原

奈良といえばシカ……と幾度となく記してきたが、奈良県内にはもう一つシカの名所がある。それは大台ヶ原だ。ただし、こちらはシカ害の激甚地帯であり、駆除の本場、という意味で名所である。

大台ヶ原は奈良南部の吉野郡川上村と上北山村、それに三重県の大台町にまたがる山々を指す。吉野熊野国立公園の特別保護地区にも指定された紀伊半島の山岳地帯だ。名前のとおり、台形状で急峻な山腹となだらかな頂部によって成り立っている。標高は一六〇〇メートル前後。かつてブナやモミ、トウヒなどの大木による鬱蒼とした原生林に覆われてニホンオオカミも多く生息していた。江戸時代から秘境として名高く、時に探検家が分け入り、また開墾をめざした人々もいたが、とうとう定住には成功しなかった。

大台ヶ原は「かつて……鬱蒼とした原生林に覆われて」いたと記したが、現在は違う。台地部分の多くが草原のようになっている。とくに東大台は大木が立ち枯れ、見通しのよいササ原が広がっているのだ。このように景色が変わったのは戦後のこと、ざっと六〇年くらいの間に生じた変化だった。

その理由は、まず伊勢湾台風（一九五九年）や第二室戸台風（六一年）で多くの大木が倒れて、林床が明るくなったことから始まる。そのためミヤコザサやスズタケなどのササが生えるようになり、そのササを食べることでシカが大増殖したらしい。増えたシカは、ササだけでは餌が足りなくなったのか、樹木の皮を剥いて食べ始めた。そのため木が枯れて倒れると、より一層林床が明るくなりササがよく生えるようになった。ところが、さらに増えたシカはササを食べ尽くすようになり、今やササさえ生えない裸地化が進む。こうなると土砂の流出を引き起こす有り様になった……。

一般にこのように説明されているが、じつは裸地化とシカの関係のメカニズムは完全に解明されたわけではない。ただ、戦後シカの生息数が激増したのは間違いない。全体数は把握しきれないが、一時期数千頭に達したのだろう。

私が一九九五年に大台ヶ原を訪れた際、東大台の正木が原、牛石が原といった尾根沿いに広がる部

大台ヶ原に設けられたシカの防護柵。大きさや張り方によって効果を確認している。

分を歩いて草原化と裸地化が進んでいることを確認している。そこに約一メートル四方を囲った柵があった。その中には樹木の苗が植えられて育っていた。柵内に草が茂っている。だが柵の外は短く刈り込まれたような草しかない。おそらく防護柵の効果を確かめる実験をしていたのだろう。

そしてシカの群れが簡単に視界に入った。草原のそこかしこにシカが数頭単位の群れをつくって点在していたのである。彼らは訪れた我々一行をじっと眺めていた。私もじっと見つめ返す。目と目が合った。

すると大台ヶ原ビジターセンターのガイドが「シカに向けて石を投げてください」という。そこで投げた。シカを狙うのではなく、シカの手前に落ちるよう投げたのである。

するとシカは逃げるどころか我々の方向に寄ってきた。その距離は五メートルくらいまで詰まった。もはや大台ヶ原の奈良公園化、ナラシカ化が進んでいたのだ。どうやら石を餌か何かに間違えたようだが、それは登山客らが彼らに餌を与えていたから学習したのかもしれない。

シカの群れが見られることは、観光的に喜ばれたようだ。シカ目当ての登山客や大台ヶ原散策者が増えた面もある。鬱蒼とした原生林より広々した草原を好む人も少なくない。しかし、限度を超えると景観も悪化する。環境省も対策を取らねばならなくなった。

環境省が森林環境の復元をめざして最初に行ったのは、大々的にシカの防護柵を設置することだった。現在、大台ヶ原の各所に防護柵が築かれている。総延長は何キロになるだろうか。種類も頑丈な鉄柵もあれば網でパッチ状に囲んだものまでさまざまだ。どんな柵が有効かを試行しているのだろうか。なお大台ヶ原の管轄は環境省と林野庁に分かれているが、両者とも柵の設置を進めている。

そして、いよいよ頭数管理（という名の捕獲）も行うことになった。

そこで私も現場を見せていただくことにした。早朝、私は大台ヶ原ドライブウェイ終点の駐車場を訪れた。そして環境省の吉野自然保護官事務所の菅野康祐さんと合流する。

実際の捕獲作業を行っているのは、委託を受けた一般財団法人自然環境研究センターだ。ドライブウェイに沿って、いくつかの場所を起点にワナを仕掛けている。それを毎日見回って確認するとともに、掛かっていたらその個体の回収を行うのである。

まず最初に訪れたワナは、道路際から森の中をのぞき込むと見える場所にあった。意外と近いのである。

「あれ？　掛かっているみたいだな。でも、死んでいるのかも」

担当者はそう言って、すぐに道路脇に張られたロープをまたいで中に入る。私もあわてて追いかけた。

たしかにメスジカが一頭、掛かっていた。首にワナのワイヤーが掛かって暴れたため斜面をずり落ちたようで、そこで首が締まって絶命していた。

本当は生きた状態で捕獲する予定だったので、少し当てが外れたことになる。私が意外に思ったのは、首ワナだったことだ。くくりワナを使っていると聞いていたが、当然それは足に掛けるものだと思っていたのである。

「首ワナを始めたのは最近です。大台では初めてかな。まだワナの張り方も試行錯誤の最中なんですよ。苦しまないように捕獲するのが目的だったんですけど、残念ながら暴れたために首が締まってしまったようです」

シカを捕獲するにしても、苦しめないというのが一つの原則なのであった。

大台ヶ原は全域が環境省と林野庁、それに奈良県の所有である。標高もさることながら、域内に集落もなければ農地もない。つまり農業被害は発生しない。ここでシカの害というと、森林生態系への被害になる。農業が行われていない土地で有害鳥獣を駆除するのは珍しい試みだろう。ある意味、大きな実験地である。

二〇世紀はまだまだ鳥獣保護の意識が強い時期だった。当時のシカは保護対象であるから世論の動向も含めて紆余曲折をたどる。

捕獲をスタートさせた当初は麻酔銃を使用した。生かしたまま捕獲するためだ。しかし麻酔銃の射程は短く、よほど近づかないと使えない。最初のうちはナラシカなみに数が多く人馴れしていたからそこそこ仕留められたが、すぐに人に近づくと危険だと学習したらしく難しくなった。そもそも個体の体格と麻酔薬の量を加減するのは難しく、多すぎればシカはすぐ死んでしまう。少なければ効かずに逃げてしまう。

そこで通常の猟銃を使いだした。ただ観光地であり登山客も多いだけに、銃声をさせるのも気を使う。これも数が多いうちは効果的だが、すぐに効率は落ちた。

そこでワナを使うことになった。箱ワナなどさまざまなワナが使われたが、最終的にもっとも効率のよいのがくくりワナとなった。

くくりワナとは、シカの通り道に円形にしたワイヤーを仕掛けたワナである。その環の中に足を踏み込むと、バネでワイヤーが締まる。足が抜けずにシカは逃げられなくなるわけだ。仕掛けるシカ道を見つける目やワイヤーが見えないような仕掛け方など、結構な技術がいるが、熟練すると一定の効果がある。それは一般の有害駆除でも同じだ。

「まずカメラを仕掛けて何日間かそこに野生動物が通ることを確認します。それから餌をまいて食べることに馴れさせます。それからワナを仕掛ける……と段階を踏むんです」

そのワナの仕掛け方も細かなノウハウがある。それは省略するとして、気になったのはなぜ足のくくりワナから首ワナに変えたのか、という点だ。

「捕獲の要件に、なるべく苦しまない方法で、という項目がありますから……」というのは菅野さん。実際に足にかかると、逃げようと暴れて骨が見えるほど傷つく個体もあるそうだ。そこで首なら傷つけず生きたまま捕獲できると考えたのだ。

これはアニマルウェルフェアの考え方だろうか。

「アニマルウェルフェア」とは、西洋で生まれた概念だが、直訳すると「動物福祉」になる。国際獣疫事務局では「動物がその生活している環境にうまく対応している態様」と定義している。ここでは家畜の飼育法になるが、適用されるのは動物園や水族館などの展示動物、研究のための実験動物、一般家庭の愛玩動物（ペット）、さらには野生動物も含めている。人間の利益のために動物を利用するのは認めつつ、動物の感じる苦痛を回避・除去することに極力配慮しようとする考えだ。世界的に広がっており、家畜の飼

首ワナは設置が簡単などの利点もある。

育にも大きな影響を与えている。オリンピックでも選手に供する食事の材料は、この基準にのっとっていなければならない。

いわゆる「動物愛護」とは違って、人間が動物を利用することや殺すことを否定していない。肉を得る家畜や家禽でも、快適に生きてもらい、苦しまないよう殺して解体する。やむを得ず動物を殺さなければならない場合も、可能な限り苦痛のない手法を用いることが求められる。具体的には、即死させるべきとする。

この点からすると、足のくくりワナにかかったシカは即死することなく、逃げようともがくことで大きなストレスになる。実際に足を引きちぎらんばかりに暴れたら、かなりの苦痛になるだろう。つまりアニマルウェルフェアに反していると考えられたのだ。もっとも首ワナも、まだ試行錯誤でこれがよいという結論は出ていない。

捕獲した個体は、その後麻酔で安楽死させる。一般に害獣の駆除を行う場合、ワナにかかった個体のトドメは銃や槍で行うのが普通だ。こん棒で殴るケースもある。どちらが動物にとってよりマシなのか。どこまで配慮するのがアニマルウェルフェアなのか。

環境省がそうした世界の潮流に乗りつつ、大台ヶ原の生態系を守るためにシカを駆除していることは興味深い。その点は、ナラシカも含めた頭数管理を必要とする野生動物全般にも応用できるように思う。

ただ、数を減らすことには成功している大台ヶ原だが、柵外の植生への悪影響を十分に防ぐところまではいっていない。駆除だけでは効果は出ない……獣害対策の要諦はここでも証明されている。

## 人馴れする野生動物たち

シカが人馴れしている土地としてもう一つ有名なのは、宮城県の金華山だ。

金華山とは、宮城県から太平洋に突き出た牡鹿半島の沖合約七〇〇メートルにある周囲二六キロの島である。山と記しても島なのだ。標高四四五メートルの山があり、島の西側には東北三大霊場の一つ、黄金山《こがねやま》神社がある。金華山全体が黄金山神社の神域となっている。島で生活を送るのは、交代で島に滞在する神社関係者の約六人だけだが、多くの参拝客を集めている。古くから信仰の島であり、南三陸金華山国定公園に指定されていたが、二〇一五年に三陸復興国立公園へ編入された。

この島には、約五〇〇頭（調査では三〇〇〜七五〇頭と変動している）のシカが生息しているとされるが、それを神の使いとして保護している。こちらは信仰絡みなので、ナラシカとよく似ている。シカそのものも野生状態ながら人馴れしており、その点でもナラシカと似ている。また毎年一〇月にシカの角切り神事が行われる点も同じである。角切りは、参拝者に危害を加えないよう境内周辺にいるオスの角を切り落とすもので、一九六三年から始まった。今では石巻の勢子集団が捕獲し、神職が切り落とすようになった。

となると奈良との関係が気になるところだ。黄金山神社の社伝によると、奈良時代に東大寺の大仏建立に際して必要な金（初代の大仏は鍍金された）は陸奥国から産出した金を使ったという（七四九年二月）。日本で金を産出したのはこれが初めての記録だが、その場所が金華山だったとされるのだ。それを記念して神社を翌年創祀したという。

もっとも現実には、島に金鉱脈は存在しない。だから、あくまで伝説である。いずれにしろ黄金山神社があることで島全体が神域となり、そこに棲むシカも保護されるようになり、それがナラシカ伝説と重なって神の使いとされたのではないか。

だが、ご多分に漏れずシカの食害が目立つ。島に農地はないものの、山の植生破壊が進んでいるのだ。森林にはブナやモミ、マツなどが多いが、増えすぎたシカによって林床の草だけでなく若木の枝葉が食べられて育たなくなった。そのため大木ばかりが残されているが、その樹皮まで食べられることで枯れ始めた。加えてマツ枯れも始まった。マツノマダラカミキリが媒介するマツノザイセンチュウが樹内に侵入して枯らすものだ。とくに島の南部ではマツが壊滅的になっている。しかしシカやサルへの影響を考えると殺虫剤散布ができず、拡大を防ぐことが難しい。

ちなみに金華山ではニホンザルも非常に多く、確認されているところによると約二五〇匹が生息している。このサルたちは、木の枝葉をちぎって下に落とす。それをシカが食べるらしい。またサルが枝や梢に登ると重みでかしぐが、おかげでシカは普段届かないところの枝葉を食べられるようになる。こうしたシカとサルとの協働関係が観察されている。ただサルからすると、シカが草木を食べてしまったため餌が足りなくなっている恐れもある。そのせいか、海岸に出て海藻や貝を採って食べる行動が知られている。

山の一部では草原化しつつあり、森林崩壊の危機が指摘されるようだ。最近では森林を回復させるために防護柵を設置したり、マツクイムシに抵抗性のあるマツの植樹を行っているというが、それだけで植生の回復は難しいだろう。今後いかなる対策を取るかが課題となっている。

ほかに人馴れしたシカがいるところとして、鹿児島県の阿久根大島が知られている。この島は阿久根市の沖合に浮かぶ周囲およそ四キロの無人島で、夏は海水浴客や釣り客が来る。ここにマゲジカ（ニホンジカの亜種。鹿児島県馬毛島に生息）が約一四〇頭生息している。起源をたどれば、江戸時代に奈良からシカを分譲されて増えていたという説もあるが、現在島に生息しているのは馬毛島から取り寄せたマゲジカだそうである。その時期や詳しい経緯は不明だが、観光目的で人為的に持ち込んだようだ。とくに保護したり給餌したりしているわけではないが、人に馴れている。

島には、夏の観光シーズン以外は人が来ない。当然農地もない。その意味では広島の宮島や宮城の金華山と同じく、農業被害は起きないのである。ただ植生に対するインパクトはあるようだ。ちなみにトカラ列島の臥蛇島にもマゲジカが移入されたが、島はその後無人になり、シカだけが増殖して島の植生を圧迫しているという報告がある。

本家の馬毛島が大規模な開発でマゲジカの生息が危ぶまれている中、幸か不幸か分家が増えすぎて繁栄していることになる。

北海道のエゾシカも、増えている一方で人馴れが進んでいる。私がかつて知床を訪ねたとき、シャトルバスの窓からシカが間近に見えた。ほかの観光客は大喜びだったが、私的にはナラシカと同じじゃないか……とちょっと複雑な思いであった。そこで見たシカは人を警戒することもなく、のんびり我々を眺めていたからである。

じつは、そんな人馴れエゾシカは各所に現れているらしい。とくに道東の厚岸地方はシカが街の中まで出没する。インターネットにシカがコンビニ前に現れて、人が触っても逃げない様子の画像がアップされているほどだ。ここでもナラシカ化が進行している。

野生動物と農業被害という視点で見ると、シカ以外にもいくつかある。たとえば北海道・釧路湿原などに棲む国の特別天然記念物タンチョウ（タンチョウヅル）はナラシカとよく似た存在だ。

タンチョウは本来渡りを行う。北海道にはアムール地方から飛来していた。しかし明治時代に乱獲と棲息地の農地開発などで激減し、日本に渡ってこなくなったと思われた。それが再発見されたのは一九二四年である。釧路湿原で見つかったのだ。そして国の天然記念物（三五年）、特別天然記念物（五二年）に指定される。今では釧路湿原周辺で周年目撃されるようになり、留鳥になったと思われる。冬の間も餌を与えるなど地元の人々が手厚い保護を行ったおかげだろう。ちなみに私は夏にこの地方を訪れたことがあるが、森の中でたたずんでいるタンチョウを見かけた。渡りをしなくなったことが野生動物としてよいことかどうかは意見の分かれるところだが……。

現在は一八〇〇羽ほどまで増えた。このタンチョウを見たくて訪れる観光客も増えてきた。ところが生息数の増加が、周辺地域の農業によくない影響を与えている。

道東の鶴居村は、その名のとおり、タンチョウがいつでも見られる村として有名だ。冬には給餌場に約三〇〇羽ものタンチョウが集う。それを目当てに観光客は年間一五万人も来るようになった。

しかし、増加すると農業への被害が目立つようになってきた。居すわったタンチョウが、頻繁に畑を襲うのだ。狙うのは、栽培される飼料用トウモロコシ。発芽したばかりの種の部分が狙われる。収穫量にして一五〇トン分以上が食い荒らされているという。しかも食べるだけでなく、周辺のトウモロコシの茎を折ってしまうので、損害は大きい。

ここでもナラシカと同じく天然記念物だから駆除はできず、農作物被害をいかに解決するかという難問を突きつけられている。

そこで鶴居村には、タンチョウの追い払いを村から委託された人がいる。毎日農地を見回り、タンチョウを見つけたら、笛を吹くなどして音で脅すのである。危害を加えずに畑から追い払わねばならないから大変だ。

環境省は、タンチョウの生息域が集中するから農業被害も激甚化すると考えて、給餌の終了を検討している。二〇一五年度から給餌量を毎年一割削減、一九年度には最大給餌量（一四年度）の半分まで減らす計画だ。一方で、給餌に頼らず自力で冬を越せるよう、給餌場に隣接するネイチャーセンターのレンジャーが、同村内で冬季の自然採食地を整備する動きもある。自然界に餌となる植物を増やそうという試みだ。

天然記念物であることに加えてタンチョウ目当ての観光客も多いことから、単に追い払えば問題が解決するわけではなさそうだ。タンチョウがいなくなっても困るのである。まさにナラシカと同じジレンマを抱えているわけだ。

逆にタンチョウを町に呼びよせて地域おこしにつなげようという動きもある。鶴居村から西に二〇〇キロほど離れた長沼町には約二〇〇ヘクタールの遊水地がある。そこにヨシなどを生やしてタンチョウが繁殖しやすい環境をつくろうとしている。農地でも農薬の使用を減らすなどして、餌を求めるタンチョウを自然に近い形で呼び込もうというものだ。タンチョウをシンボルに、米など地元の農産物をブランド化する期待もあるという。

コウノトリを繁殖させて放鳥している兵庫県豊岡市が、同地の米を「コウノトリ米」とブランド化して販売を行っていることにヒントを得たのだろう。コウノトリも一時は絶滅したとされたが、中国から同種を移植して繁殖させて増えてきたので自然界に放鳥している。その際に豊岡市は「コウノトリを育む農法」として無農薬有機栽培を奨励して、その作物のブランド化に努めたのである。

ただコウノトリにしろ佐渡のトキにしろ、今のところ絶滅の危機からよみがえって数が増えたことを朗報としているが、今後は増えすぎて農業などに被害が出た場合、どのように対応するかは課題となるだろう。

ほか宮崎県の都井岬に生息するウマも人間に馴れている。とくに餌付けをしているわけではなく、繁殖も人は介在しない。もともと江戸時代に高鍋藩が軍事用のウマの放牧をしていたのだが、現在は農耕馬としての役割も消え、観光に役立っている。日本の在来ウマとしての価値から天然記念物に指定されて、半野生状態を保っている。

また北海道の釧路や知床では、キタキツネが観光客から餌をもらおうと人のいる道に出てくることも知られている。二本足で立ち上がったり、飛んで跳ねてみせたりと芸をするようになったという。観光客の車を追いかけたり、写真向きのポーズを取ったりするらしい。もちろん野生なのだが、人を怖がらず餌をもらえるしぐさを学習してしまった可能性がある。

野生動物には、意外と人に馴れやすい種もいるのだと改めて思う。

ただ気をつけたいのは、あくまで人に馴れる(馴化)であり、懐いたり依存したりするわけではないことだ。動物側が人は危害を加えないと学習すれば、距離を縮めても逃げない関係性を築けた状態と言えるだろう。シカはとくに馴化しやすい動物のようだ。しかも世代を超えて馴化は引き継がれている。親子で習性の伝承があるのかもしれない。

ナラシカの場合は、歴史的な経緯もさることながら、近年では一九八八年に「なら・シルクロード博覧会」が開かれたことの影響が指摘されている。それまでナラシカが日中過ごし回遊するルートだった飛火野や春日野、興福寺境内などがイベント会場となったため、ナラシカがシバを食べる場所を失った。そこで期間中は積極的に人が給餌を行った。これが馴化を進めた可能性を指摘されている。

やはり野生動物が人に馴れる過程に、給餌は影響しやすい。

野生動物の調査や観察を行う場合には、餌付けが有効かどうかよく問われる。かつて観光用に餌付けされたニホンザルを研究対象にして、サル社会にボスザルを頂点としたヒエラルヒー（階層）社会構造があることが発表された。ところが後に野生ザルの群れを調べたところ、そうした社会の存在を疑う結果が出た。野生状態では、群れにボスザルが常にいるわけではなかったのである。どうやら餌付けによって餌の取り合いが生まれ、そこから誕生した新しい社会構造だったらしい。

ナラシカの場合は、果たして人の介在が群れ構造や生態に影響を与えていないだろうか。長い年月のうちに築き上げた人との共存関係が、近年急激に増加した観光客などによって変わってしまう可能性はある。

## 栄養失調のナラシカ

人と野生動物……とくにシカとの関係は、微笑ましいだけでなくどうしても負の側面が生まれる。それをいかにクリアするかは、人間側に求められる問題だ。奈良県にとってもナラシカの管理計画によって積年の課題がすべて解決するわけではない。むしろ、今後は管理計画の実効性が問われるだろう。

ところで第1章でナラシカと人の独特な関係を紹介したが、改めてナラシカの現状を知ると、これまで紹介してきた人間社会との対立とは別の危機が訪れていた。ナラシカの将来に影響する重要な事態である。

まずは管理計画報告書に掲載されている調査結果から引用する。

奈良公園中心部に生息するナラシカの妊娠率は、データが少ないもののゼロ歳メスジカでは妊娠した個体は発見されていない。だが一歳シカの四・二％が妊娠していた。そして二歳で六〇％を超えている。その後も年齢による多少の増減を繰り返しつつ、五～六割は妊娠するようだ。この数字は、一般のシカ（山野に生息する野生のニホンジカ）と比べて若干低いと思われる。

次に初期死亡率だが、出生から一歳末までの平均死亡率は五一・九％となっている。つまり生まれた子ジカの約半数が、生まれて二年の間に死亡するということだ。一般シカの死亡率は三〇～五〇％と推定されている（調査が難しく正確な数値は出ていない）から、若年ナラシカの死亡率は少し高いかもしれない。

ただ生存状況は、わりとよい。平均寿命は二〇年近く、子ジカの時代を過ぎると長生きしている。最高死亡年齢は、メスジカ二四歳、オスジカは二一歳の記録があるそうだ。一般のシカと比べると長いほうだろう。狩猟の対象として追われる心配もなく、天敵もいないからだと思われる。

ナラシカ、そして一般シカ、いずれも十分な個体数の調査が行われていないので、そのまま数字を比べてよいかどうかはわからないが、少なくともナラシカは出産数が少なめで高齢化が進行中という傾向が見て取れる。少子高齢化が進む社会という点では、日本社会の縮図……とまでは言えないが、似た状況になっているのだ。

が、私が驚いたのは、栄養状態である。これは体格と死亡個体の解剖によって確認(大腿骨骨髄の色と質感)されたものだが、明らかに貧栄養状態のナラシカが多いという結果が出ていた。

そういえば、と思い出す。真夏の、もっとも草が生い茂って餌が豊富であろう時期に、あばら骨の浮き出たナラシカを見かけることがある。そして落葉喰いをしているシカも少なくない。落葉は草食性動物にとって最後の食べ物ではないかと思うのだが、それを日常的に食べているのはなぜだろうか。単に嗜好の問題ではなく、もしかしたら餌の取り合いで破れたナラシカが、食うものが足りなくなっているのかもしれない。

普通に考えると、保護されているうえに鹿せんべいなど人間から与えられる餌もあるのだから栄養状態はよいだろうと思うのだが、反対だった。むしろ貧栄養状態だったのだ。

それでも長生きできるのは、保護されているゆえに最低限の餌が得られるからだろうか。とりあえず奈良公園に行けば鹿せんべいなどでギリギリの餌は提供される。病気や怪我をしたら愛護会が鹿苑に収容し治療して餌を与えてくれる。だから貧栄養状態でも死亡する確率が低くなり、また数が増えたことで餌が足りなくなっていたのではないか。結果的に、ガリガリの状態でも生命をつなげるのか?

本来なら早く死ぬはずの老シカが死なずに長生きする。いわば自然の摂理としての生息数調整が行われない状態なのかもしれない。何やら経済格差の広がる日本社会で、高齢化だけは止まらない様子を連想する。幸福な社会なのか、生きづらい社会なのか。

落葉喰いをするシカ。腹をすかせているのか、好みなのか。

ナラシカの食性調査では、もっともよく食べているのがシバだった。奈良公園には飛火野や春日野、若草山などに広い芝生地帯があるし、寺院などの境内にも樹木の間に芝生の空間が少なくない。そうした場所で人が芝刈りをしなくても芝生は短く管理されているのは、じつは餌の奪い合いの果ての光景だったのかもしれない。

一般のシカは、主に森林に棲むことから山野の草や樹木の葉などが多く、そんなにシバを食べるチャンスがないことを考えると、ナラシカはシバに依存した特異な食性を持っていることになる。しかし、それも数が増えたことで十分に行き渡らなくなってきたのではないだろうか。

ちなみに奈良公園内のシバの生産量は、ヘクタール当たり年間二八九五キログラムと推定されている。シバの生えている面積から計算すると、可能生息数は七八〇頭と割り出された。実際の生息数より四〇〇頭あまり少ない。ということは、その足りない分をシバ以外の植物、春日山原始林などの樹木や草本、ササ類、その他樹皮や落葉などで補っていることになる。が、それでも十分ではなかったのだ。

貧栄養状態のシカは妊娠しづらくなると考えると、妊娠率が低いことの説明にもなる。もしかしたら子ジカの死亡率が高いのもそのせいと言えるのかもしれない。栄養状態が悪ければ病気にもなりやすく、環境変化（たとえば冬の極低温や降雨への耐性など）にも弱くなるだろう。密度が高いと、病気の感染を引き起こす可能性も高くなるし、餌の奪い合いも発生しやすくする。

もし伝染病の発生や極低温の天候、あるいはシバやススキの大幅な生育不良などが起きたら、ナラシカの大量死亡（クラッシュ）の可能性だって考えられる。

ナラシカの頭数データを時代とともに追いかけると、一九九四年以降はこれまでの増加傾向からわずかながら減少傾向に転じたように見える。すでに頭打ちなのだ。

長年、ナラシカを研究対象にしてきた立澤史郎北海道大学助教は、データを分析して出生率と死亡率から戦後のナラシカの動向を三つの時期に区分けしている。

戦後～一九六三年頃までは「増加期」、六三～八七年頃を「安定期」、そして八七年以降現在までを「変動期」とする。戦争直後に激減したナラシカは、数を回復した後に安定した頭数を維持してきたが、徐々に出生率の低下と死亡率の高止まりが起きて生息数が変動し始めた。高齢化によって見かけの頭数は増えてきたが、二〇〇六年以降はじりじりと減少局面に入ったと見ることができる。

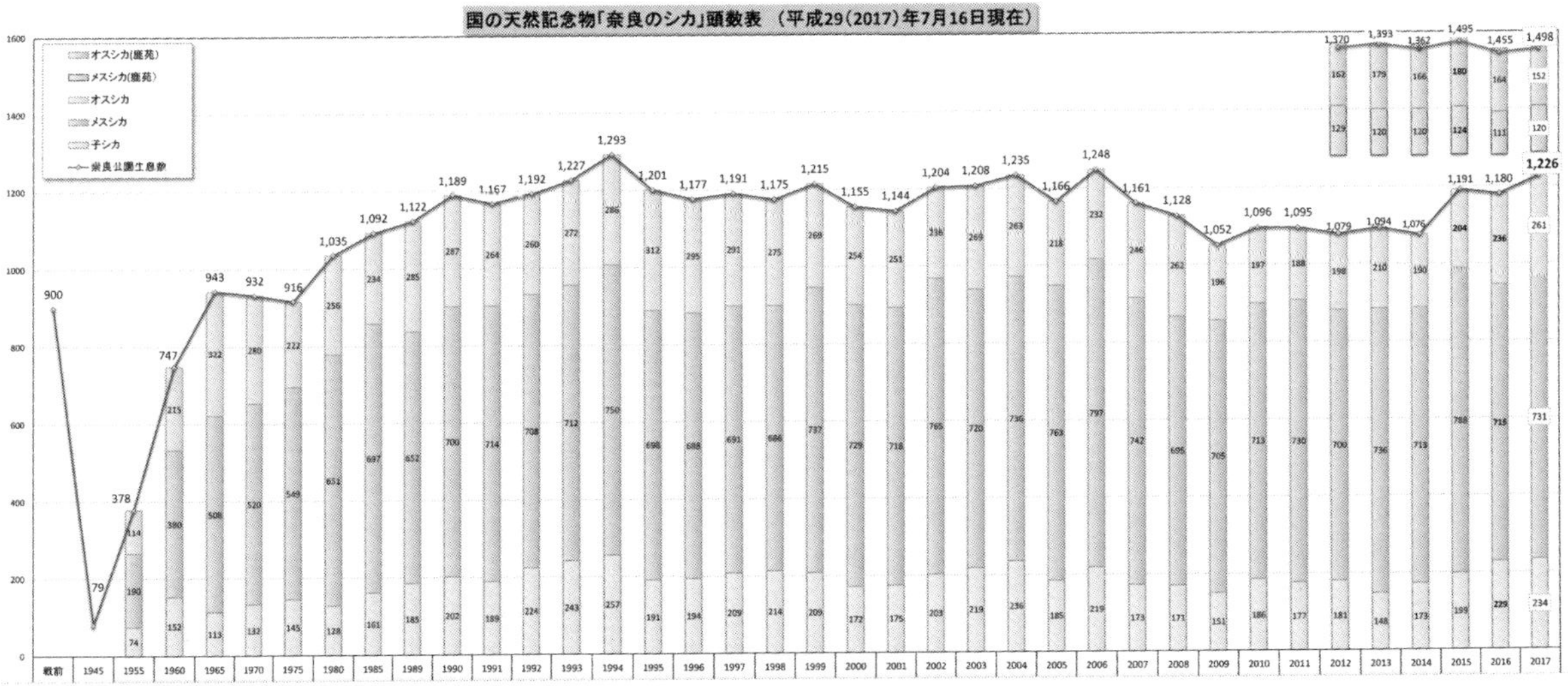


ナラシカ頭数の推移。右上は鹿苑内の頭数。（奈良の鹿愛護会、2017年7月16日時点）

これまた日本の人間社会と似ている。出生率が落ちても高齢化の進展でみかけの人口増が続き、人口減少が顕在化したのは二〇〇八年以降だった。しかし生産年齢人口、つまり若者から壮年の人口は一九九六年代から頭打ちだったのだ。

興味深いのは、減ったのはオスと子ジカであり、メスは減っていないことだ。これを立澤氏は「高密度化する過程で見られるメス偏向の強化」現象だとしている。わかりづらいが、自然界で密度調節を行うためメスは数を減らすのではなく出生率を抑えるというわけだ。

それは大変だ、保護しなければ、餌をもっと与えなければ……と考えがちだが、それはナラシカ対応のルールに反する。あくまで野生状態のシカであり、増えすぎたことが問題を発生させていることも理解しなければならないだろう。目先の保護を行っても、逆に頭数を増やしてシカの食料事情を悪化させるだけだ。とはいえ、クラッシュが始まったら、世間はどんな反応をするか。愛護会などは餌の配布をせずにいられるだろうか?

「奈良のシカは、一〇頭まで減らしても大丈夫。すぐに一〇〇頭二〇〇頭まで増える。その間に植生も回復する」と極論を述べるのは、先の報告書でナラシカの生存率や妊娠、食性などの生態を調査した奈良教育大学の鳥居特任教授。

現実的には五〇〇頭から七〇〇頭ぐらいが適正規模ではないか、という。それでも現在の生息数の半分ぐらいにしなければならないことになる。

これは食害など人間側の都合ではなく、ナラシカの生息環境の問題である。より快適に生息できる環境をつくるという観点からも考えるべき課題だろう。

近年は、ナラシカに対する神鹿信仰も薄れている。ナラシカの保護を主張する人々の中にも、本気で神鹿だから守るべきという意見は少ない。伝統だから、文化だから、観光など産業にも結びついているから……という意見が強いだろう。そこにアニマルウェルフェア（動物福祉）の観点も必要とされるかもしれない。

## ナラシカと森の本当の姿

ナラシカの今後について考えたい。

長く神鹿とされて人よりシカのほうが強い立場の時代が続いたが、明治以降は徐々に人とシカの関係が相対化され、さらに近年は人間側の都合に加えて森林生態系の概念も広まり、人がシカを管理する計画がつくられるに至った。

その中でナラシカのよりよい存在のあり方を考えようとすると、どの視点でシカを見るかという立場が重要となる。

ナラシカを守りたい立場の中には、春日大社、愛護会のほか観光業界が入るだろう。彼らにとってナラシカの存在は欠かせない。街中にシカが闊歩する風景こそが奈良観光の醍醐味だからだ。シカにまつわる産業界（鹿せんべいやシカ・グッズなどの製造・販売などナラシカは多くのビジネスに絡んでいる）もナラシカは保護してもらわねば困る存在だろう。そのほか鹿曼陀羅などの信仰も関わり、歴史や文化・民俗的な視点を大切にしたい人々も保護派になる。さらに「可愛いシカが好き」という観光客や一般市民も同様だろう。彼らはナラシカを病気や交通事故、野犬の襲撃から守り、もし餌が足りないようだったら補給すべきと考える。

一方、農家など被害を受ける側は、ナラシカはあくまで奈良公園の中に限ってほしい、農地のあるところに出てこないように隔離し、出たシカは駆除すべきという気持ちがある。農作物の被害を減らしたい、できればゼロにしたい。そのためにはシカの生息数を減らすか、一定の区域からシカを外に出さないようにすべきという意見だ。

自然界の生態系を重視する立場の人も、春日山原始林などの動植物層がいびつな形になっている点が気になるから、ナラシカの生息数抑制を唱える。またナラシカの生息環境からも、現在の過密状態ではよくないとする意見を持っている。

立場変われば意見も変わる。奈良県など行政の立ち位置も難しい。立場によってナラシカを駆除すれば万事解決とする、いやナラシカのためなら農作物や森が食われても仕方ないと対立しがちだ。落としどころはどこになるのか。シカと人が折り合える形は何だろうか。

結論は簡単ではない。ここからは、私見である。私がナラシカの歴史や現状を追いつつ、さまざまな立場の方々の意見を聞く中で考えたことを記したい。

まず、奈良公園を歩き回って感じたのは、やはり多すぎる。シカではなくて観光客が。シカも鬱陶しいのではないか。あまりに多くの人が写真を撮ろうとシカを追いかけ回したり、シカの身体に触ったり、鹿せんべいを差し出すのはどうかと思う。シカのストレスになりはしまいか。

とはいえ、観光客を減らすという対応は有り得ないだろう。奈良県としては観光客は今以上に増えてほしい。ならば、同じくシカを減らすという対応も無理だ。

私は、ナラシカを特別な存在だと思っている。神鹿という信仰や伝統に過剰に縛られる必要はないが、長い歴史の賜物であることは無視できないし、それを人為的に頭数を管理する、直截に言えば駆除したり避妊手術をするという選択肢は選ぶべきとは思わない。

東大寺南大門前。シカと観光客があふれている。

一方で今も奈良公園周辺の農地に食害が発生し、春日山などの植生の劣化が目立つのも事実だ。こちらをいかに抑えるかという視点で考えるべきだろう。

獣害対策には駆除と防護と予防の三つの方策があることを記した。ただ駆除はナラシカに関して有り得ない。一方で奈良公園から出たシカ（あるいはナラシカと勘違いされているシカ）は、もはやナラシカと見なさないという考え方も理解する。その点は、管理計画の理屈と同じだ。

ただし、現在のD地区における駆除は、あまり食害抑止にはつながらないと思っている。農地に近づくのが危険と学習させるのなら、箱ワナより銃を使ったほうが効果的だろう。そして農地に近づくシカは徹底的に叩くべきだ。もっとも現状は目標駆除数と実捕獲数の差が大きすぎる。そもそも駆除だけをクローズアップすることに疑問がある。

やはり予防と防護が欠かせない。とくに防護が重要だろう。

極論を言えば、すべての農地を高さ二メートル以上の鉄柵で囲めば、食害は発生しない。実際にそんな重厚長大な柵でなくても、十分にシカを近づけない柵や網が開発されている。その点は大台ヶ原の事例も参考になる。むしろ壁となるのは費用と運用だ。とくに後者である。

じつは獣害の多発地帯では、防護柵があるのにシカやイノシシその他の害獣にやられる例が目立つ。なぜかと思えば、柵がちゃんと張られていなかったからだ。実例は前章で示したが、なかには菜園は趣味か自家用のレベルでやっていて、作物が食われてもさして痛手にならない農家もある。補償金をもらえたら食われてもよいと考える農家もいるのだろう。

行政も、有害駆除の報奨金額を上げるだけでは効果を期待できない。しっかり防護柵など設備を使いこなし、駆除するにしても農地を狙う個体に照準を合わせる必要がある。

防護柵を設けても侵入できなかったシカはほかの農地に行くだけ、と否定する意見もあるが、それは防護柵を張らない農地が近くにあるという前提だ。地域全体で取り組むことが欠かせない。

そして、やはり予防だろう。被害を訴える割には野生動物に餌を与える人がいるうえ、農地周辺に出没した獣を追おうともせず眺めて見送るケースも多い。農地に近づかないよう、餌になるものを周辺に置かないこと。とくに農業廃棄物（収穫しない作物）の放置を止める。さらに農地周辺に生える草（肥料を吸収して栄養価が高くなっているという）の刈り取りも重要となる。加えてナラシカの場合は、鹿せんべい以外の餌を与えないことだ。とくに野菜など農作物は事態を悪化させるだけである。ときどき驚くのだが、害獣が農地に来ないようにするという理由で、山に果実のなる木を植える運動やドングリなど餌になるものをまく行為が見られることだ。それも市民団体だけでなく農林家が行っている。森林組合が山に果樹を植える活動をしたこともある。山で満腹になったら、里には下りてこなくなるという発想のようだが、まったく逆効果だ。山で数を増やして、オイシイ餌のある里をめざすだろう。

ナラシカに公園から出ても餌になるものは得られない、と学習させることが重要となる。それでも農作物の味を覚えた（ナラシカでなくなった）シカは、駆除の対象にせざるを得ない。あるいは鹿苑に終身収容するほかかない。

だが、これらの方策で防げないのが、春日山などの森林である。春日山全山を柵で囲むわけにもいかないし、予防もしようがない。だいたい森林からシカを完全に排除したら、それはそれで森林生態系としてはおかしいだろう。

春日大社境内の防護柵。柵内だけに下草が生えているのは妙な光景だ。

春日大社の境内には、部分的に防護柵が設けられている。一〇メートル四方を金柵で囲うものもあれば、樹木単体の幹を金網で包んだものもある。周囲の地表に草がほとんど生えていないのに柵内は緑豊かになっているのを見ると、柵の効果はあると感じる。だが、よく見ると囲っていない柵もある。道などに面したところだけ張って、しばらくすると途切れているのだ。シカがそこを回り込めば中に入れる。まったく無意味な張り方といわざるを得ない。

いかにして春日山の植生を守るべきか。正直、難問だ。

そんなときに、ふと気づいた。シカが増えて森林植生が荒らされるのは、最近の現象なのだろうか。

明治維新あるいは戦中戦後にナラシカの数は激減したが、それ以外の時期、たとえば中世から江戸時代には、一〇〇〇頭前後いたと見込まれる。明治初年に三八頭まで激減したナラシカも、昭和初期には一〇〇〇頭近くに数を戻した。これほどのナラシカの存在は、少なからず植生に影響を与えていたに違いない。言い換えると、シカによる植生の劣化は近年になって初めての事態とは言えないのではないか。昔から起きていたのではないか。

古代から中世の奈良は今ほど市街地が広くなく、周辺に原野があり草が豊富に生えていたと思われる。江戸時代になっても道路や住居周りなどは舗装されていないから草の生える余地がある。そう考えると、今よりは餌となる草の量は多かったかもしれない。それでも一〇〇〇頭前後のナラシカがいたら、春日山原始林の草木もよく食べられただろう。荒れずに済んだとは思えない。その頃の春日山はいかなる状況だったのだろうか。

そんな思いを持ったのは、最近の研究によって解明された里山の姿が浮かんだからだ。里山は必ずしも人と自然の調和の取れた美しい空間ではなく、常に人の過剰採取で荒れていたということがわかってきたのである。

もともと都が置かれた奈良は、日本でもっとも早く森林が荒れた土地だ。寺院や宮殿だけでなく庶民の住居も建てるのに木材が必要だったほか、土器や瓦を焼く燃料に薪が求められた。さらに何万もの人が集中して住んだことで炊事や暖房にも薪が必要だった。そのため周辺の森から過剰な木の採取が行われたのだ。

奈良公園から一〇キロほど離れた生駒山地の遺跡で行われた花粉分析では、一二世紀をピークに二次林化が急速に進み、マツ林に変わったことがわかっている。マツは土地が痩せて最後に生える木と言われる樹種だ。それ以降は草山化が進んでいる。江戸時代には中腹まで棚田や段々畑が開墾され、尾根まで草原だったらしい。そんな状況は、江戸時代末期から明治にかけて、全国の山野に広がっていた。

同じことは春日山原始林でも言えないか。春日大社の境内は禁伐だったというが、じつは盗伐がかなり広がっていたことは明治時代の記録に残る。裏手の花山、芳山では焼畑も行われていたし、木がなくなったために土砂の流出も進んでいたらしい。

古い空撮写真を見ると、春日山原始林も今と比べてかなり樹木密度が低い。一九四六年のものでは透けて地表が見えるかのようだ。七四年の空撮写真でも、大社近くはさすがに緑（写真はモノクロ）だが、すぐ東側にはげ山が目立つ。

一方、太平洋戦争時にナラシカは密猟されて激減した。おかげで食害も減っただろう。つまり一九四五年以降は春日山などの植生の回復期であり、八〇年頃には有史以来もっとも豊かな自然になっていた。ところがナラシカの頭数が再び一〇〇〇頭以上に増えた時期（八〇年前後）から再び植生の劣化が始まった……。

植生がもっとも豊かな戦後の一時期と比べると、現在は劣化している。しかし江戸時代の植生と比べると、今は似たような状態かもしれない。

とはいえ、今のまま放置すれば植生の回復力を失うまで森林の劣化が進行する可能性はある。一部の動植物は絶滅するかもしれない。裸地となり土壌流出まで引き起こせば森林環境が一気に悪化してしまうだろう。やはり防護柵によって重点的区域の植生保護は必要だろう。また移入種のナギやナンキンハゼなどは減らすべきだと思う。一方で在来種だがシカの食べないアセビなど特定の植物も増えすぎたが、どう対処するか悩むところだ。

またナラ枯れで（コナラなどの）大木がどんどん枯れている。大木が倒れたら大きなギャップ（開けた空間）ができるが、そこに何が生えるだろうか。再びコナラなどが生える確率は低くて、草かササか落葉樹か照葉樹か。そんな森林植生の変化は、シカ抜きでも否応なく起きる。それにはどのように対応すべきか。

一方ナラシカの頭数は、今後の推移が気になるところだ。貧栄養状態が続けば、病気や怪我、あるいは気象の激変への耐性も落ちる。それが数を減らす要因になるかもしれない。突然バタバタと倒れてナラシカが激減するのは避けたいが、安易な給餌はよい結果をもたらさない。自然の摂理に従いつつ、穏やかな生息数の減少を期待できればよいのだが。すでに体格の矮小化やオスの減少、出生率の低下などが起きているうえ、頭数も頭打ちになっているのはその徴候である。

ナラシカへの関わり方は、日本人の自然とのつきあい方のモデルになりそうな気がする。野生動物、いや飼育動物も含めて、動物と人間がいかに向き合うか。動物と植物のバランスをどのように考えるか。安易な「カワイソウ」もしくは「ケシカラン」で対応を決めるのではなく、長期的な視点で見守りたい。

目を向けるのは野生動物だけでも、農林業ばかりでもなく、ましてや人間だけでもない。見据えるべきは地域の生態系であり、それらすべてを含む社会の未来だ。奈良の都からよりよきモデルが発信できることを願う。

# おわりに　人と動物が共生するということ

「はじめに」で、私が野生動物と関わることになったきっかけは、大学時代にボルネオで行った野生のオランウータン探しだったと記した。

じつは、後日談というか旅の続きがある。ジャングルでは野生のオランウータンと直接の邂逅は叶わなかったのだが、その後サンダカン郊外にあるセピロック・オランウータン・リハビリテーションセンターを訪問したのだ。

サンダカンはサバ州の旧州都だった港町で、その郊外の「セピロックの森」にオランウータンを野生に帰すための施設がある。かつてオランウータンは森林伐採などの際に多く殺されるとともに、子どもは捕まえてペットとして売られた。そんな人に飼われたオランウータンを持ち主から取り上げて保護しているのである。

現在「セピロックの森」といえば観光地扱いになってしまい、森の中のオランウータンを見られる施設として有名だ。そのため「野生のオランウータンを餌付けして、人が見られるようにした施設」

と思われがちである。だが本来の役割は、オランウータンの生態研究と野生復帰プログラムを実行する場なのだ。単に劣悪な環境で飼育されてきたオランウータンを保護するだけではなく、飼育された動物を野生に戻すという一般とは逆の役割を担っているである。

私が最初に訪れた頃は、ほとんど観光的な要素のない施設だった。簡素なオフィスの横には、檻に入れられた大きなオランウータンもいた（多分、収容されて日が浅いのか、大人になっていて森に戻すのが無理と判断された個体だろう）。そこから歩いて森の中に入ると、やがて若いオランウータンが低い木に登ろうとしている現場に出くわした。レンジャーらが木登りの訓練を施しているのだった。幼い時期に捕まえられて檻で飼育されると、自分では木も登れなくなる。腕だけで木にぶら下がる力もついていない。見ていると、何頭かは木に登れたが、地上にうずくまっている子どものオランウータンもいた。ただ私が手をさしのべると、存外強い力で引っ張られたのを覚えている。帽子を渡したら返してくれなくて取り合いになった。ひとしきり遊んだのである。

レンジャーに簡単な説明を受けたが、森に帰すのは簡単ではないらしい。木登りだけでなく、木の上に寝床を作ることもできないし、何より餌の探し方も知らないから自力では生きていけない。樹上で単独生活を送るため〝森の孤独な哲学者〟の異名を持つオランウータンの本来の生態とは違ってしまっている。

センターの行うリハビリとは、人間が関与しなくても生きていく力をつけさせることなのである。だから、人間との接触は最低限にしなければならない。それなのに訪問者の私と遊ぶのを許してくれたのは、牧歌的な時代の対応だったのだろう。

今では、こんな真似は不可能だ。観光客の接触は厳禁で、見学できるオランウータンもリハビリ最終段階の個体だけ。すでに森に放されたが、定まった時間に行う給餌（木の上に設けた餌場でバナナやミルクなどを提供）の際に、姿を現した彼らを距離を置いて眺めるだけである。二〇年ぐらい経って私が再訪したときは、一〇〇人以上かと思える観光客が給餌場所を囲んで餌場を見上げていた。現れたオランウータンは、餌を取るとすぐに去っていったのでほんの短時間で終わる。それでも観光客は、〝自然の中のオランウータン〟を見学できたことに満足したのだろう。

センター側も難しい運営を迫られていると想像する。本来はオランウータンを人から引き離すことが役割なのに、一方で観光施設の役割も担わされたからだ。おそらく施設運営の収入源であるとともに、州政府の観光政策の一環でもあるのだろう。だが大勢の観光客を喜ばせようと思えば、彼らの姿を見せる必要がある。またセピロックの森も広さに限界があって、たくさんのオランウータンを放しても、自活できるだけの餌は森にない。だから給餌は止められないのだろう。野生に戻したくても、人の関与もゼロにはできない。

一度、飼育してしまった動物を完全に自然界に戻すのは並大抵ではない。そこには観光という人間側の都合や、自然界の食物の量という難問が複雑に絡まっている。

ナラシカも似た状況かもしれない。ナラシカは野生とは言っても、生まれるときから人の関与を受けていて、生活圏も人間社会と重なっている。人と分離するのは無理だし、観光に果たす役割からも現実的ではない。鹿せんべいの販売やシカの救護活動をなくすのも難しい。かといって、ナラシカを囲い込んで完全に飼育下に置くべきとも思えない。野生を保ちつつ、最小限の人の手を差し伸べていくしかあるまい。

一〇〇〇年以上も人とともに生きてきたナラシカには、今後も人の果たす役割の範囲を模索し続けなければなるまい。ナラシカは生物学的にはニホンジカだが、「人と交わって生きる生態を持つシカ」という文化的別種と位置づけてもよいかもしれない。

町で暮らす人々にとって、野生動物の存在は非日常の世界のように思いがちだ。人間社会と野生動物の生きる世界を分けて考える。しかし、ほんの少し前まで大多数の人間は野生動物と交わって暮らしてきた。日本人は動物を擬人化して語りやすいし、童話や説話、伝説の中には動物（キツネやタヌキなど）が人間に化けるだけでなく、人と婚姻する伝承まである。一方で多くの野生動物が神、もしくは神の使いとして祀られもした。人と動物の境界線がゆるやかだったように思う。動物を人の役に立つ家畜、可愛がるペット、そして怖くて迷惑な存在という三つに分けてしまったのは意外と最近なのである。ナラシカはこの三つの要素を少しずつ全部備えている。

視点を変えると、現代人はもっと動物と接触したほうがよいのではなかろうか。ペットだけでなく、身近に野生動物がいる生活をもっと積極的に考えてみるべきではないかと思う。都市の生物多様性を高める、癒しにする、精神性を高める……そんなお題目を掲げなくても、身近に動物がいる暮らしは豊かで楽しいように思うのだが。

もちろん、人間側にも知識と覚悟はいるだろう。野生動物の危険性と対応の仕方を知らないと不測の事態が起きる。一方で野生鳥獣の被害の程度を受忍できるレベルに抑える方策も必要だ。そのうえで動物との接触を楽しめる環境を作れないか。最近は各地にある「ネコの町」「ウサギの島」などが話題を集めるが、単に動物が「可愛い」で止まらせず、動物と一緒に生きる方法を学ぶ場となればと願う。

そう考えると、街中にシカが闊歩する奈良の町は、「野生動物との共生」の場として優れものだ。課題は山積みだが、苦労しつつ解決を模索している。ナラシカも、結構したたかだ。人を利用するが、人に依存はしない。共生とは「みんな仲良く」ではなく、「みんなスキなく」、適度の緊張を保ちつつ棲み分ける生き方だと考えさせられるのである。

## お世話になった方々および参考文献

今回の取材では、多くの方のお世話になった。本文に登場していただいた方々のほかにも、多くの人々の話を聞かせていただいた。

また文献も多く参考にさせてもらった。とくに「奈良の鹿年譜」は、出色の資料である。これを作成したのは「Deer My Frend」という市民団体代表の藤田和さんである。この団体は一九八〇年代に存在し、私も取材で訪れたことがある。ナラシカの頭数調査を独自に実施したり、市民への啓蒙活動を行っていた。このメンバーからシカを研究対象にする学者も出している。改めてさまざまな立場からナラシカに関わる人々が登場していることに気づく。

【参考文献】

八田三郎（一九二〇）『奈良と鹿』官幣大社春日神社春日神鹿保護会

奈良市史編集審議会編（一九七一）『奈良市史　自然編』「奈良のシカ」　御勢久右衛門（一九六八―一九九五、三）　奈良市
富永静朗（一九七五）『神々の使者――春日の鹿』東京新聞出版局
四手井綱英・川村俊蔵編（一九七六）『追われる「けもの」たち――森林と保護・獣害の問題』築地書館
花山院親忠（一九八七）『春日の神は鹿にのって』清水弘文堂
田中久夫（一九九六）『金銀銅鉄伝承と歴史の道（御影史学研究会民俗学叢書　九）』岩田書院
中村生雄・三浦佑之（二〇〇九）『人と動物の日本史（四）』信仰の中の動物たち　吉川弘文館
川路聖謨（一九六七）寧府紀事（国会図書館）
出久根達郎（二〇一六）『桜奉行――幕末奈良を再生した男・川路聖謨』養徳社
本渡章（二〇〇七）『奈良名所むかし案内――絵とき「大和名所図会」』創元社
井上雅央（二〇〇八）『これならできる獣害対策――イノシシ・シカ・サル』農山漁村文化協会
奈良の鹿愛護会監修（二〇一〇）『奈良の鹿――「鹿の国」の初めての本』京阪奈情報教育出版
有本隆（二〇一〇）『奈良発オレたちシカをなめるなよ！』真珠書院
武井弘一（二〇一〇）『鉄砲を手放さなかった百姓たち――刀狩りから幕末まで』朝日新聞出版
依光良三編（二〇一一）『シカと日本の森林』築地書館
前迫ゆり編（二〇一三）『世界遺産春日山原始林――照葉樹林とシカをめぐる生態と文化』ナカニシ

ヤ出版
前迫ゆり・高槻成紀編（二〇一五）『シカの脅威と森の未来――シカ柵による植生保全の有効性と限界』文一総合出版
千松信也（二〇一五）『けもの道の歩き方――猟師が見つめる日本の自然』リトルモア
湯本貴和・松田裕之編（二〇〇六）『世界遺産をシカが喰う――シカと森の生態学』文一総合出版
宮崎昭・丹治藤治（二〇一六）『シカの飼い方・活かし方――良質な肉・皮革・角を得る』農山漁村文化協会
祖田修（二〇一六）『鳥獣害――動物たちと、どう向きあうか』岩波書店

【雑誌・紀要】
『地理』四一巻一〇号（一九九六）特集鹿と日本人　古今書院
『大和志』創刊号（一九三四）春日の神鹿と角伐の由来　吉川弘文館
『日本文化研究』三五号（二〇〇三）春日社神鹿考　赤田光男　帝塚山大学日本文化学会
『ならめがね』七（二〇一七秋号）鹿のいる暮らし　合同会社エディッツ

【非売品】
藤田和（一九九七）『奈良の鹿年譜――人と鹿の一千年』ディア・マイ・フレンズ（奈良の鹿市民調査会）

藤田和（一九九五）『略年表奈良の鹿』ゆるき

さらに多くの論文や研究紀要のほか、取材先からいただいた文書なども数多くあります。また図鑑類、官公庁の報告書、新聞記事、ネットによる情報も参照させていただきました。

## 【著者紹介】

田中淳夫（たなか・あつお）

1959年生まれ。奈良県在住。

静岡大学農学部林学科卒業後、出版社、新聞社等に勤務の後、現在はフリーランスの森林ジャーナリスト。

森林、林業、山村問題などのほか、歴史や民俗をテーマに執筆活動を行う。

著作に『イノシシと人間――共に生きる』（共著、古今書院）、『森を歩く――森林セラピーへのいざない』（角川SSC新書）、『森林異変――日本の林業に未来はあるか』『森と日本人の1500年』（以上、平凡社新書）、『日本人が知っておきたい森林の新常識』『森と近代日本を動かした男――山林王・土倉庄三郎の生涯』（以上、洋泉社）、『ゴルフ場に自然はあるか?――つくられた「里山」の真実』（電子書籍、ごきげんビジネス出版）、『樹木葬という選択――緑の埋葬で森になる』（築地書館）、『森は怪しいワンダーランド』（新泉社）など多数。

# 鹿と日本人

## 野生との共生1000年の知恵

２０１８年７月９日　初版発行

著者　田中淳夫

発行者　土井二郎
発行所　築地書館株式会社
〒１０４－００４５　東京都中央区築地７－４－４－２０１
ＴＥＬ　０３－３５４２－３７３１　ＦＡＸ　０３－３５４１－５７９９
http://www.tsukiji-shokan.co.jp/
振替００１１０－５－１９０５７
印刷・製本　中央精版印刷株式会社
装丁　吉野愛

 ISBN 978-4-8067-1565-8

# ●築地書館の本



## 樹木葬という選択
### 緑の埋葬で森になる

田中淳夫［著］　一八〇〇円＋税　◎二刷

遺骨を土に埋葬し、石ではなく樹木を墓標とする、樹木葬。

里山を守りたい、自然の一部になりたい、継承の手間をかけたくない、無縁墓とも無縁でいたい、そんな人たちの注目を集める新しい「お墓」のかたちを徹底ガイド。

## カラスと人の巣づくり協定

後藤三千代［著］　一六〇〇円＋税

カラスはなぜ電柱に巣をつくるの？　三〇年に及ぶ研究でわかった、なわばり意識と巣づくりの習性。カラスの巣を減らすには、「撤去」ではなく「設置」が鍵だった！　カラスの生態研究を通して描かれる、カラスと人が共生するやさしい社会を作り出す画期的方法。

## シカと日本の森林

依光良三［編］　二二〇〇円＋税

シカの食害の増加によって、森林生態系の保全、土壌保全など、自然環境全体のバランスの維持が難しくなっている。

本書は四国山地の事例を中心に、シカの食害被害の実態、ヨーロッパと日本のシカ管理の仕組みを解説。これからあるべきシカとの共生、自然環境保護運動を考える。

## 狼の群れと暮らした男

ショーン・エリス＋ペニー・ジューノ［著］　小牟田康彦［訳］

二四〇〇円＋税　◎九刷

ロッキー山脈の森に野生狼の群れとの接触を求めて決死的な探検に出かけた英国人が、飢餓、恐怖、孤独感を乗り越え、ついには現代人として初めて野生狼の群れに受け入れられた。狼との共棲の希有な記録を本人が綴る。